化學元素王國

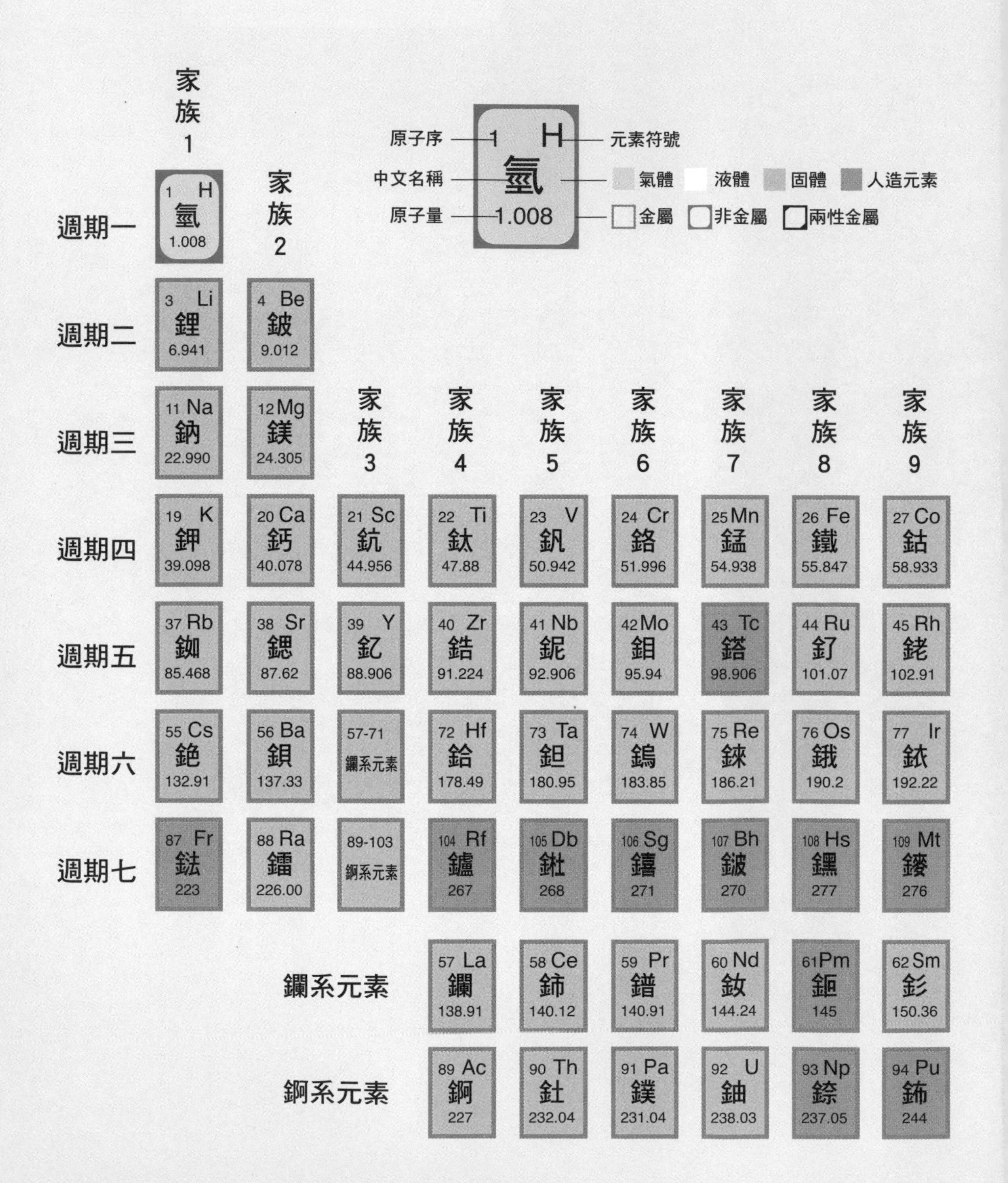

原子序
1
H
元素符號
中文名稱
氫
原子量
1.008
氣體
液體
固體
人造元素
金屬
非金屬
兩性金屬
家族1
家族2
家族3
家族4
家族5
家族6
家族7
家族8
家族9
週期一
1 H 氫 1.008
週期二
3 Li 鋰 6.941
4 Be 鈹 9.012
週期三
11 Na 鈉 22.990
12 Mg 鎂 24.305
週期四
19 K 鉀 39.098
20 Ca 鈣 40.078
21 Sc 鈧 44.956
22 Ti 鈦 47.88
23 V 釩 50.942
24 Cr 鉻 51.996
25 Mn 錳 54.938
26 Fe 鐵 55.847
27 Co 鈷 58.933
週期五
37 Rb 銣 85.468
38 Sr 鍶 87.62
39 Y 釔 88.906
40 Zr 鋯 91.224
41 Nb 鈮 92.906
42 Mo 鉬 95.94
43 Tc 鎝 98.906
44 Ru 釕 101.07
45 Rh 銠 102.91
週期六
55 Cs 銫 132.91
56 Ba 鋇 137.33
57-71 鑭系元素
72 Hf 鉿 178.49
73 Ta 鉭 180.95
74 W 鎢 183.85
75 Re 錸 186.21
76 Os 鋨 190.2
77 Ir 銥 192.22
週期七
87 Fr 鍅 223
88 Ra 鐳 226.00
89-103 錒系元素
104 Rf 鑪 267
105 Db 𨧀 268
106 Sg 𨭎 271
107 Bh 𨨏 270
108 Hs 𨭆 277
109 Mt 䥑 276
鑭系元素
57 La 鑭 138.91
58 Ce 鈰 140.12
59 Pr 鐠 140.91
60 Nd 釹 144.24
61 Pm 鉕 145
62 Sm 釤 150.36
錒系元素
89 Ac 錒 227
90 Th 釷 232.04
91 Pa 鏷 231.04
92 U 鈾 238.03
93 Np 錼 237.05
94 Pu 鈽 244

家族 10	家族 11	家族 12	家族 13	家族 14	家族 15	家族 16	家族 17	家族 18
								2 He 氦 4.003
			5 B 硼 10.811	6 C 碳 12.011	7 N 氮 14.007	8 O 氧 15.999	9 F 氟 18.998	10 Ne 氖 20.179
			13 Al 鋁 26.982	14 Si 矽 28.086	15 P 磷 30.974	16 S 硫 32.066	17 Cl 氯 35.453	18 Ar 氬 39.948
28 Ni 鎳 58.69	29 Cu 銅 63.546	30 Zn 鋅 65.39	31 Ga 鎵 69.723	32 Ge 鍺 72.61	33 As 砷 74.922	34 Se 硒 78.96	35 Br 溴 79.904	36 Kr 氪 83.80
46 Pd 鈀 106.42	47 Ag 銀 107.87	48 Cd 鎘 112.41	49 In 銦 114.82	50 Sn 錫 118.71	51 Sb 銻 121.75	52 Te 碲 127.60	53 I 碘 126.90	54 Xe 氙 131.29
78 Pt 鉑 195.08	79 Au 金 196.97	80 Hg 汞 200.59	81 Tl 鉈 204.38	82 Pb 鉛 207.2	83 Bi 鉍 208.98	84 Po 釙 209	85 At 砈 210	86 Rn 氡 222
110 Ds 鐽 281	111 Rg 錀 280							

63 Eu 銪 151.96	64 Gd 釓 157.25	65 Tb 鋱 158.93	66 Dy 鏑 162.50	67 Ho 鈥 164.93	68 Er 鉺 167.26	69 Tm 銩 168.93	70 Yb 鐿 173.04	71 Lu 鎦 174.97
95 Am 鋂 243	96 Cm 鋦 247	97 Bk 鉳 247	98 Cf 鉲 251	99 Es 鑀 252	100 Fm 鐨 257	101 Md 鍆 258	102 No 鍩 259	103 Lr 鐒 262

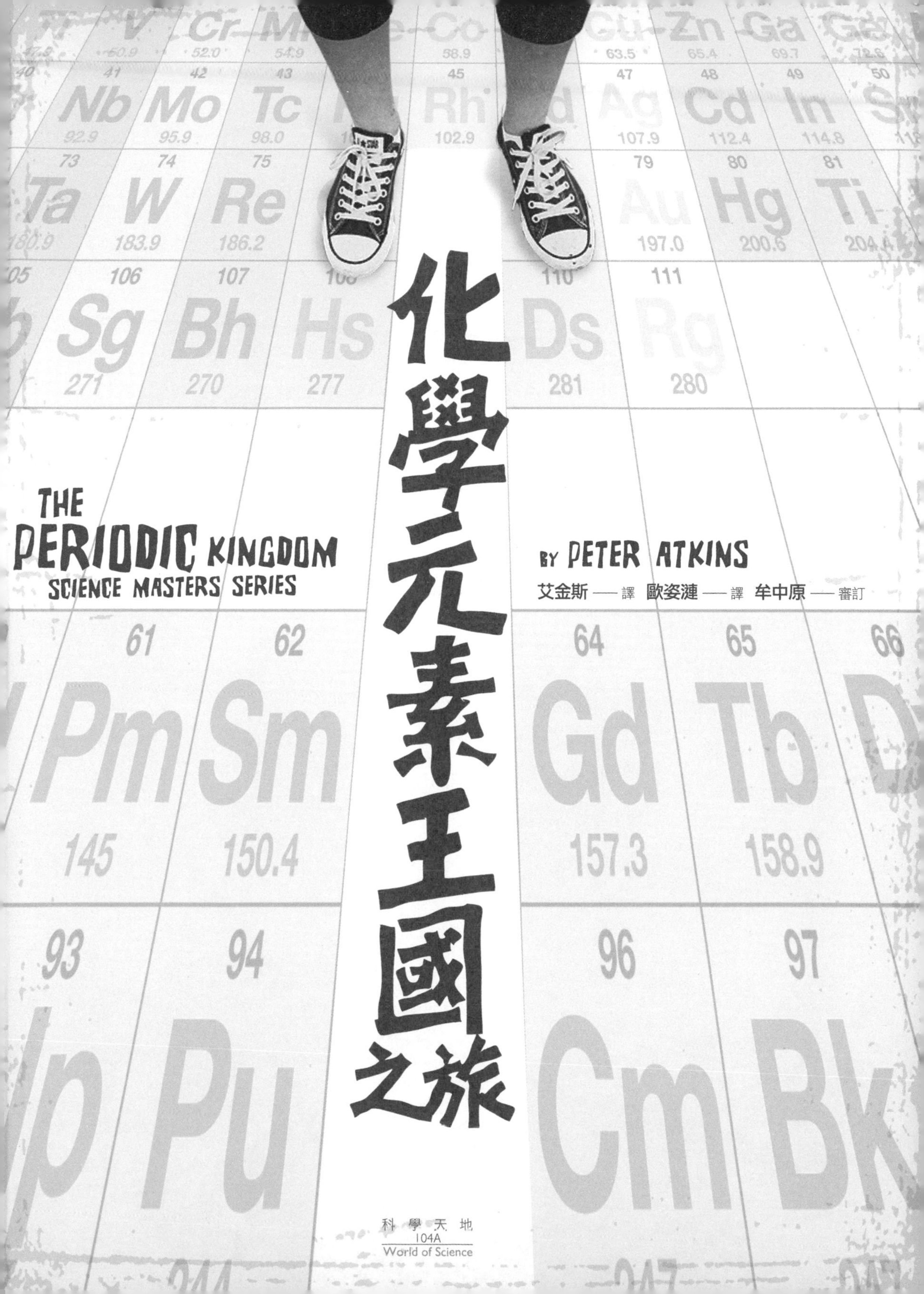
化學元素王國之旅
THE PERIODIC KINGDOM
SCIENCE MASTERS SERIES
BY PETER ATKINS
艾金斯 —— 譯 歐姿漣 —— 譯 牟中原 —— 審訂
科 學 天 地
104A
World of Science

Contents

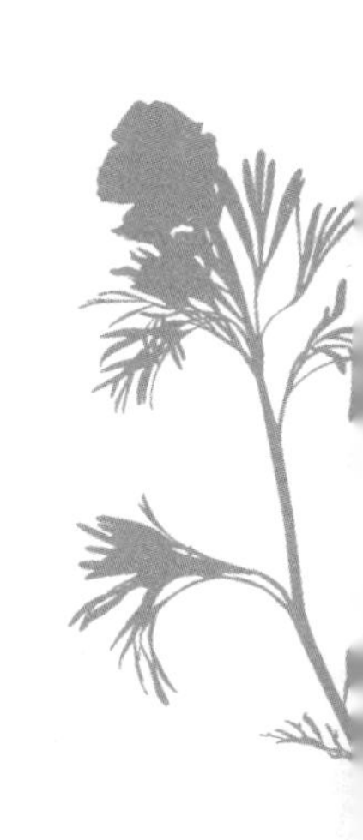

序

一本化學的旅遊指引書

牟中原

四十八年前念初二時，是在基隆一所山上的初中。記得學校裡有一間老老的理化實驗室，裡面有瓶瓶罐罐，四面牆上都是藥品櫃。化學老師也是一年級的博物老師，姓謝，好年輕，才二十歲出頭。那年頭，沒有什麼第八節輔導課，下午四點鐘就放學了，大夥還喜歡留在學校打球玩。謝老師大概看到我們那群小蘿蔔頭，玩昏了頭不求學。他找了我們組了個小小科學俱樂部，居然就把理化實驗室的鑰匙給了我們，任大家放學後進去玩實驗。

一天，謝老師教我們做金屬鈉與水的化學反應。他小心翼翼的從一瓶油裡撈出一小塊黃黃的金屬，用小刀切下小小像豆子般大小的鈉分給大家。我也拿一塊，回到我那一大缸水槽，丟進水裡。那塊金屬鈉浮在水面上，立刻就和水反應，冒出氣泡，氣泡劇烈產生後還會著火。鈉塊像是有動力般在水面上跑來跑去。那時我才十二歲，真是深深感到興趣。這是水和鈉的反應，產生氫氣，然後燃燒。

後來，有天又在實驗室裡弄實驗，老師開會去了。有位同學不知如何找到了一瓶鉀，大家商量著是什麼。有人說書上說鉀和鈉性質很像。也不記得是怎麼搞的，反正最後有人壯著膽子弄了一小片鉀放到水裡去，立刻起火轟然一聲，水槽都炸穿了底。一群人嚇呆了。

這就是化學

這就是化學，很多元素相似又相異。鉀是鈉的弟兄，但它和水和空氣卻會有更劇烈的反應。我也學到必須不能輕視化學上一點點的差異。差異可以很小，但也可有很不同的結果，像鐵軌的分叉。化學這一行就是要了解千千萬萬不同物質相似和相異之處，以及背後的道理。

最基礎的問題是了解化學元素之間的相似性、差異性。有金、銀、銅、鐵這些金屬，也有氧、氮、氯這些氣體，也有半導體者如矽、硼。它們看來差別很大，像是紐約街頭胡亂遇到的五花八門各式人種。但化學家經過長期研究，發現這些元素可以分家族的，同一家族的長相就類似，但個性並不完全相同，重量也不一樣。鈉和鉀就是同一家族的，鉀比較重一些，但個性反而不穩重，要比鈉活潑。

要怎麼樣清楚的表示這些元素的家族譜系和鄰居關係呢？俄國人門得列夫（Dmitri Mendeleev, 1834-1907）早在一百多年前提出了元素週期表，把這些元素排出個合理而容易了解的陣營。百年來，這個週期表，就像一張元素王國的地圖。化學家、工程師、學生就憑著這張地圖去了解、摸索元素及其化合物。

《化學元素王國之旅》這本書，就是向更多的大眾介紹這元素週期王國的地形山川。它是一本化學的旅遊指引書，因此並不會巨細靡遺，但帶你去的多是精挑的。這本書除了介紹元素地形以外，也介紹它背後的道理：元素的原子構造是如何形成的。就像一本好的導遊書，它也介紹這王國的歷史，也就是許多元素發現的歷史故事。

元素如果是王國的邦，那各邦之間可以形成聯盟，就好像元素和元素會結合成化合物，本書也介紹化學鍵的形成。

這本書的作者艾金斯是一位知名的物理化學專家，寫過很受歡迎的教科書。這裡他展現科普書寫作的才華，把一個很難寫的題材寫得很深入淺出，井然有序。如果任何人想通盤了解化學元素，這兒是最好的出發點。

這本書中譯本於 1996 年出版，沒想到一晃就是十二年。這當中又不知教了多少學生。每當教普通化學時，我都會提到門得列夫的故事，真是歷久彌新。週期表值得每一個學子一再去了解它。

2008 年底於台灣大學（本文作者為台灣大學化學系教授）

化學元素王國

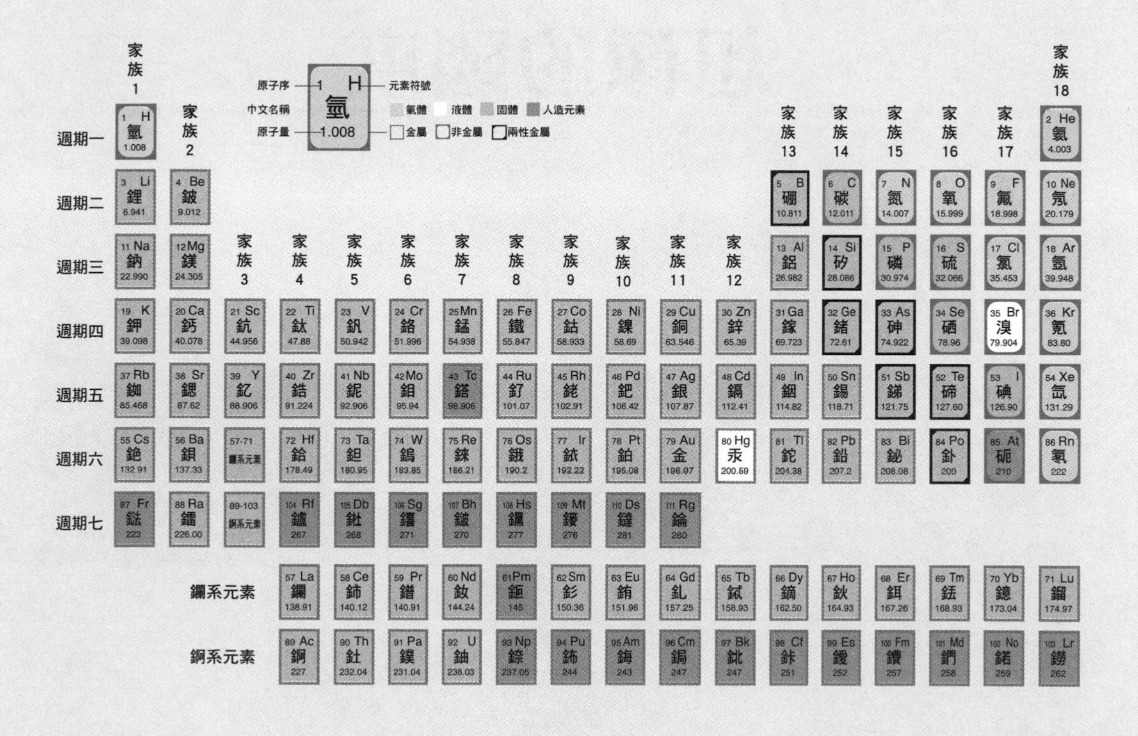
原子序 1 H 元素符號
中文名稱 氫
原子量 1.008
氣體 液體 固體 人造元素
金屬 非金屬 兩性金屬
家族 1
家族 2
家族 3
家族 4
家族 5
家族 6
家族 7
家族 8
家族 9
家族 10
家族 11
家族 12
家族 13
家族 14
家族 15
家族 16
家族 17
家族 18
週期一
1 H 氫 1.008
2 He 氦 4.003
週期二
3 Li 鋰 6.941
4 Be 鈹 9.012
5 B 硼 10.811
6 C 碳 12.011
7 N 氮 14.007
8 O 氧 15.999
9 F 氟 18.998
10 Ne 氖 20.179
週期三
11 Na 鈉 22.990
12 Mg 鎂 24.305
13 Al 鋁 26.982
14 Si 矽 28.086
15 P 磷 30.974
16 S 硫 32.066
17 Cl 氯 35.453
18 Ar 氬 39.948
週期四
19 K 鉀 39.098
20 Ca 鈣 40.078
21 Sc 鈧 44.956
22 Ti 鈦 47.88
23 V 釩 50.942
24 Cr 鉻 51.996
25 Mn 錳 54.938
26 Fe 鐵 55.847
27 Co 鈷 58.933
28 Ni 鎳 58.69
29 Cu 銅 63.546
30 Zn 鋅 65.39
31 Ga 鎵 69.723
32 Ge 鍺 72.61
33 As 砷 74.922
34 Se 硒 78.96
35 Br 溴 79.904
36 Kr 氪 83.80
週期五
37 Rb 銣 85.468
38 Sr 鍶 87.62
39 Y 釔 88.906
40 Zr 鋯 91.224
41 Nb 鈮 92.906
42 Mo 鉬 95.94
43 Tc 鎝 98.906
44 Ru 釕 101.07
45 Rh 銠 102.91
46 Pd 鈀 106.42
47 Ag 銀 107.87
48 Cd 鎘 112.41
49 In 銦 114.82
50 Sn 錫 118.71
51 Sb 銻 121.75
52 Te 碲 127.60
53 I 碘 126.90
54 Xe 氙 131.29
週期六
55 Cs 銫 132.91
56 Ba 鋇 137.33
57-71 鑭系元素
72 Hf 鉿 178.49
73 Ta 鉭 180.95
74 W 鎢 183.85
75 Re 錸 186.21
76 Os 鋨 190.2
77 Ir 銥 192.22
78 Pt 鉑 195.08
79 Au 金 196.97
80 Hg 汞 200.59
81 Tl 鉈 204.38
82 Pb 鉛 207.2
83 Bi 鉍 208.08
84 Po 釙 200
85 At 砈 210
86 Rn 氡 222
週期七
87 Fr 鍅 223
88 Ra 鐳 226.00
89-103 錒系元素
104 Rf 鑪 267
105 Db 𨧀 268
106 Sg 𨭎 271
107 Bh 𨨏 270
108 Hs 𨭆 277
109 Mt 䥑 276
110 Ds 鐽 281
111 Rg 錀 280
鑭系元素
57 La 鑭 138.91
58 Ce 鈰 140.12
59 Pr 鐠 140.91
60 Nd 釹 144.24
61 Pm 鉕 145
62 Sm 釤 150.36
63 Eu 銪 151.96
64 Gd 釓 157.25
65 Tb 鋱 158.93
66 Dy 鏑 162.50
67 Ho 鈥 164.93
68 Er 鉺 167.26
69 Tm 銩 168.93
70 Yb 鐿 173.04
71 Lu 鎦 174.97
錒系元素
89 Ac 錒 227
90 Th 釷 232.04
91 Pa 鏷 231.04
92 U 鈾 238.03
93 Np 錼 237.05
94 Pu 鈽 244
95 Am 鋂 243
96 Cm 鋦 247
97 Bk 鉳 247
98 Cf 鉲 251
99 Es 鑀 252
100 Fm 鐨 257
101 Md 鍆 258
102 No 鍩 259
103 Lr 鐒 262

開場白

想像的國度

23 V
24 Cr 52.0
25 Mn 54.9
41 Nb 92.9
42 Mo 95.9
43 Tc 98.0
72 Hf 178.5
73 Ta 180.9
74 W 183.9
75 Re 186.2
76 Os 190.2
104 Rf 261
105 Db 268
106 Sg 271
107 Bh 270
108 Hs 277
59
60
61
62
63
Nd Pm Sm

任何企圖以科學家的視野來觀察宇宙的人

都必須知道週期表

因為這就是科學文明中的一部分

每當我打開毛姆（Somerset Maugham）所寫的《遭天譴的人》（*The Vessel of Wrath*）時，總會受到震撼。在那本書的描述裡，作者靜坐在書房，翻閱著《長江引水人》一書。在他的想像中，潮汐表和航行方向逐漸變得真實起來；等高線與表格不再只局限於平面了，它們躍然於紙上。作者可以感覺到樹木、屋舍的存在，最後還有人物出現，成為他故事中的主角。

這種感覺太奇妙了，因此當您打開這本書的時候，我很希望您也能加入我的想像之旅，一起探索方度謹嚴的化學導航圖：元素的週期表。只不過在我們眼中，它會成為一個虛擬的國家，名為「週期王國」。

等我們降落到地表後，就會發現這王國是相當有特色的。但是我們會先在王國疆土的空中翱翔，觀看它起伏的丘陵、山脈、峽谷，以及平原；然後著陸，在它廣闊的草原中漫步，並且攀越山丘；我們甚至還會往地底掘洞，發現裡面有著隱藏的結構，一種運作的準則，控制及統御了整個王國。

於是我們將了解，這片土地是個可以合理解釋的地方。

科學文明的一部分

無庸置疑的，不論是從原理或實際應用的角度來看，週期表都是化學上最重要的觀念。它是學生每天都會用到的基本概念，它為專業人員指引出研究的嶄新方向，而且提供了整套化學的簡明架構。它非常清楚的顯示出，化學元素並不是雜亂無章的實體，其實它們呈現出一定的趨勢，而且依家族特質緊密排列在一起。

任何有心洞察世界，和了解化學基本架構的磚塊是如何造成一切的人，都不可避免的會意識到週期表的存在；任何企圖以科學家的視野來觀測宇宙的人，也必須知道週期表的普通形式，因為這就是科學文明的一部分。

在我先前的介紹中，我是把週期表當做進入想像國度的旅遊指南，裡面的元素是許多個別不同的區域。這個想像的王國當然也有它獨特的地理形勢：元素在特定的位置上，一個個並列著，而且還能生產自己的物產，比牧場生長的小麥和湖泊產出的魚還多。這個王國也有歷史，事實上這部歷史寫來還可分成三種：一是元素就像地球的陸塊一樣，被逐一發現；所以有一部發現史。二是王國也如同地表一般，已給繪成地圖，元素間的相對位置就變得相當重要了；因此另有一部繪圖史。三是元素都有自身的宇宙歷史，這得追溯回星體誕生的過程；那麼溯源史也是必須的。

另外，週期王國也是有典章制度的，因為「核心憲法」與「外部法律」統御了元素的性質、控制它們的行為，並且決定它們會形成怎樣的聯盟。我們會發覺，這種制度原來是根源於原子，以及構成原子的電子和原子核的性質。

我並不要求讀者以前對化學有多深厚的認識，我只希望你們能運用自己的想像力，細心揣摩週期表與比擬的地理辭彙之間的關聯。我們即將一起飛越這片疆域，然後在適當的時機降落。藉由這個方式，我們會發現一個變化萬千的王國呈現在眼前，而真實世界其實就是這樣組成的。

誌謝

我得感謝「科學大師系列」的編輯里昂斯（Jerry Lyons），他負責編輯這書，並且提供了許多寶貴的建議。我也感謝李平寇特（Sara Lippincott），她是定稿編輯，協助我解釋想要說明的概念，對我有很大的幫助。

化學元素王國

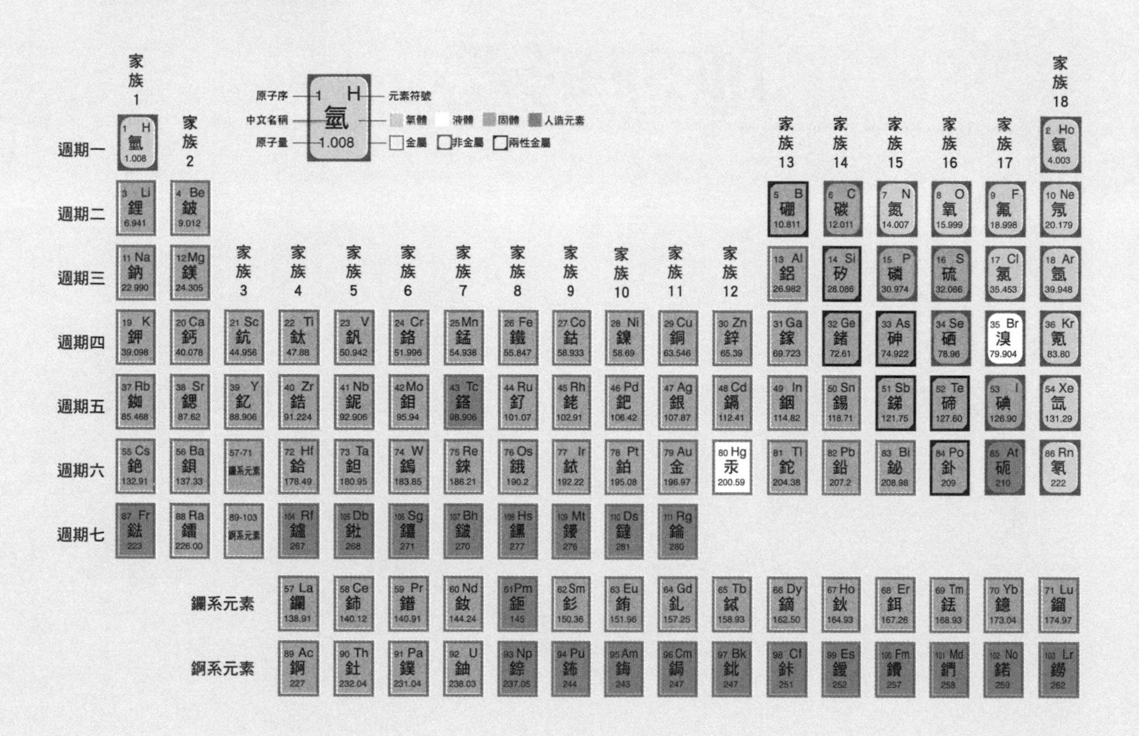
原子序
元素符號
中文名稱
原子量
1 H 氫 1.008
氣體 液體 固體 人造元素
金屬 非金屬 兩性金屬
家族 1
家族 2
家族 3
家族 4
家族 5
家族 6
家族 7
家族 8
家族 9
家族 10
家族 11
家族 12
家族 13
家族 14
家族 15
家族 16
家族 17
家族 18
週期一
1 H 氫 1.008
2 Ho 氦 4.003
週期二
3 Li 鋰 6.941
4 Be 鈹 9.012
5 B 硼 10.811
6 C 碳 12.011
7 N 氮 14.007
8 O 氧 15.999
9 F 氟 18.998
10 Ne 氖 20.179
週期三
11 Na 鈉 22.990
12 Mg 鎂 24.305
13 Al 鋁 26.982
14 Si 矽 28.086
15 P 磷 30.974
16 S 硫 32.066
17 Cl 氯 35.453
18 Ar 氬 39.948
週期四
19 K 鉀 39.098
20 Ca 鈣 40.078
21 Sc 鈧 44.956
22 Ti 鈦 47.88
23 V 釩 50.942
24 Cr 鉻 51.996
25 Mn 錳 54.938
26 Fe 鐵 55.847
27 Co 鈷 58.933
28 Ni 鎳 58.69
29 Cu 銅 63.546
30 Zn 鋅 65.39
31 Ga 鎵 69.723
32 Ge 鍺 72.61
33 As 砷 74.922
34 Se 硒 78.96
35 Br 溴 79.904
36 Kr 氪 83.80
週期五
37 Rb 銣 85.468
38 Sr 鍶 87.62
39 Y 釔 88.906
40 Zr 鋯 91.224
41 Nb 鈮 92.906
42 Mo 鉬 95.94
43 Tc 鎝 98.906
44 Ru 釕 101.07
45 Rh 銠 102.91
46 Pd 鈀 106.42
47 Ag 銀 107.87
48 Cd 鎘 112.41
49 In 銦 114.82
50 Sn 錫 118.71
51 Sb 銻 121.75
52 Te 碲 127.60
53 I 碘 126.90
54 Xe 氙 131.29
週期六
55 Cs 銫 132.91
56 Ba 鋇 137.33
57-71 鑭系元素
72 Hf 鉿 178.49
73 Ta 鉭 180.95
74 W 鎢 183.85
75 Re 錸 186.21
76 Os 鋨 190.2
77 Ir 銥 192.22
78 Pt 鉑 195.08
79 Au 金 196.97
80 Hg 汞 200.59
81 Tl 鉈 204.38
82 Pb 鉛 207.2
83 Bi 鉍 208.98
84 Po 釙 209
85 At 砈 210
86 Rn 氡 222
週期七
87 Fr 鍅 223
88 Ra 鐳 226.00
89-103 錒系元素
104 Rf 鑪 267
105 Db 𨧀 268
106 Sg 𨭎 271
107 Bh 𨨏 270
108 Hs 𨭆 277
109 Mt 䥑 276
110 Ds 鐽 281
111 Rg 錀 280
鑭系元素
57 La 鑭 138.91
58 Ce 鈰 140.12
59 Pr 鐠 140.91
60 Nd 釹 144.24
61 Pm 鉕 145
62 Sm 釤 150.36
63 Eu 銪 151.96
64 Gd 釓 157.25
65 Tb 鋱 158.93
66 Dy 鏑 162.50
67 Ho 鈥 164.93
68 Er 鉺 167.26
69 Tm 銩 168.93
70 Yb 鐿 173.04
71 Lu 鎦 174.97
錒系元素
89 Ac 錒 227
90 Th 釷 232.04
91 Pa 鏷 231.04
92 U 鈾 238.03
93 Np 錼 237.05
94 Pu 鈽 244
95 Am 鋂 243
96 Cm 鋦 247
97 Bk 鉳 247
98 Cf 鉲 251
99 Es 鑀 252
100 Fm 鐨 257
101 Md 鍆 258
102 No 鍩 259
103 Lr 鐒 262

第一部

地理形勢

41 Nb 92.9
42 Mo 95.9
43 Tc 98.0
73 Ta 180.9
74 W 183.9
75 Re 186.2
76 Os 190.2
104 Rf 261
105 Db 268
106 Sg 271
107 Bh 270
108 Hs 277
59
60
61
62
63

這塊王國大陸的整體分布狀況是：

中西部是一大片金屬地區

往東走，是極富景致變化的非金屬區，直到東海岸線

最終是一些反應活性相當低的元素

第一章

鳥瞰王國大地

歡迎來到「週期王國」。此處是個想像的國度，不過它其實與真實現象關係密切。這是個化學元素王國，一切物體都是由元素組成的。王國的土地並不廣闊，因為它僅包含一百多個區域（元素）而已，卻構成了真實世界中的萬物。所有的行星、岩石、蔬菜及動物，都是由我們故事中的主角（這百來個元素）所組成的。這些元素也是空氣、海洋與地球本身的構成要素。

我們就站立在元素上、食入這些元素，而且我們自己就是元素。因為我們的大腦是由元素所構成，甚至連心思，就某種意義而言，也是元素的一種性質，因此亦可算是王國的一份子。

王國內的區域分布並不是雜亂無章的，相反的，它們排列得相當有條理，每一個區域的性質都很接近它鄰近區域的性質。

王國裡面只有少數幾個明顯的分界線，可以說，整個景色的特徵就是具有漸進的坡度轉變：大草原中夾雜著平緩的山谷，山谷再逐漸加深，形成陡峭的峽谷；山坡由平原中漸漸隆起，成為高聳的山脈。

當我們在王國中旅行時，可以記得這些概念與譬喻。要謹記於心的原則是，這百來個元素不僅形成了物質世界，而且這百來個元素（區域）自己也組成某種模樣。

西部大沙漠

現在，我們就來認識這模樣，熟悉一下這個國度的風光。先從空中鳥瞰吧，我們可以看出，由最北端的氫（H）至遙遠彼端的鈾（U，位於南方島嶼）之間，伸展出一片寬廣的景象。在鈾之後仍然坐落著已知的區域，但在更遙遠的距離外，則橫亙著一條無人探索過的地平線，尚等待另一個哥倫布來發現新大陸。

較靠近我們的是一片已經為人所熟知的領域，例如碳（C）與氧（O）、氮（N）與磷（P）、氯（Cl）與碘（I）等區域。在這趟最初的探索結束以前，我們將會熟悉更多的區域，並且了解它們與沙漠、濕地、湖泊或草地之間的對應關係。

雖然我們現在是由很遠的高空中俯瞰這個國度，但還是可以看清楚遼闊大地的風景特色（參見次頁圖）。有片閃閃發光的地區，是由金屬聚集構成的，那裡我們稱為「西部沙漠」。這片沙漠感覺上並沒有什麼變化，只有些許的色調深淺不同，意味著它們仍然有多樣化的特質。沙漠裡也找得到淡淡的色彩分布著，像是我們熟悉的、閃爍著金光的元素金（Au），以及紅色的元素銅（Cu）。

值得注意的是，這片沙漠地帶占據了相當大比例的王國國土，在已知 111 種元素中約占 86 種，顯見沙漠的內容十分豐富。（而內容十分豐富的王國又使得真實世界如此多采多姿！）這些豐富的多樣性表示沙漠的荒蕪只是假象而已；等我們靠近些後，就會發現這裡像是蘊藏了豐富礦產的礦脈，而且在荒涼的景象下，還擁有多元化的物理及化學性質。不過靠近觀察是以後的事了；現在我們仍在距離王國地表很遠的空中，還無法體認到沙漠細微的變化。

東部大地四季多變

往東去，景致就變化得很明顯了，即使由這麼遠的高空都輕易觀察得到。那裡是王國領域較為柔和的地區，還可以看到一個湖泊。不過我們很快就會察覺到這並不是尋常的湖泊，因為湖面的顏色與地球

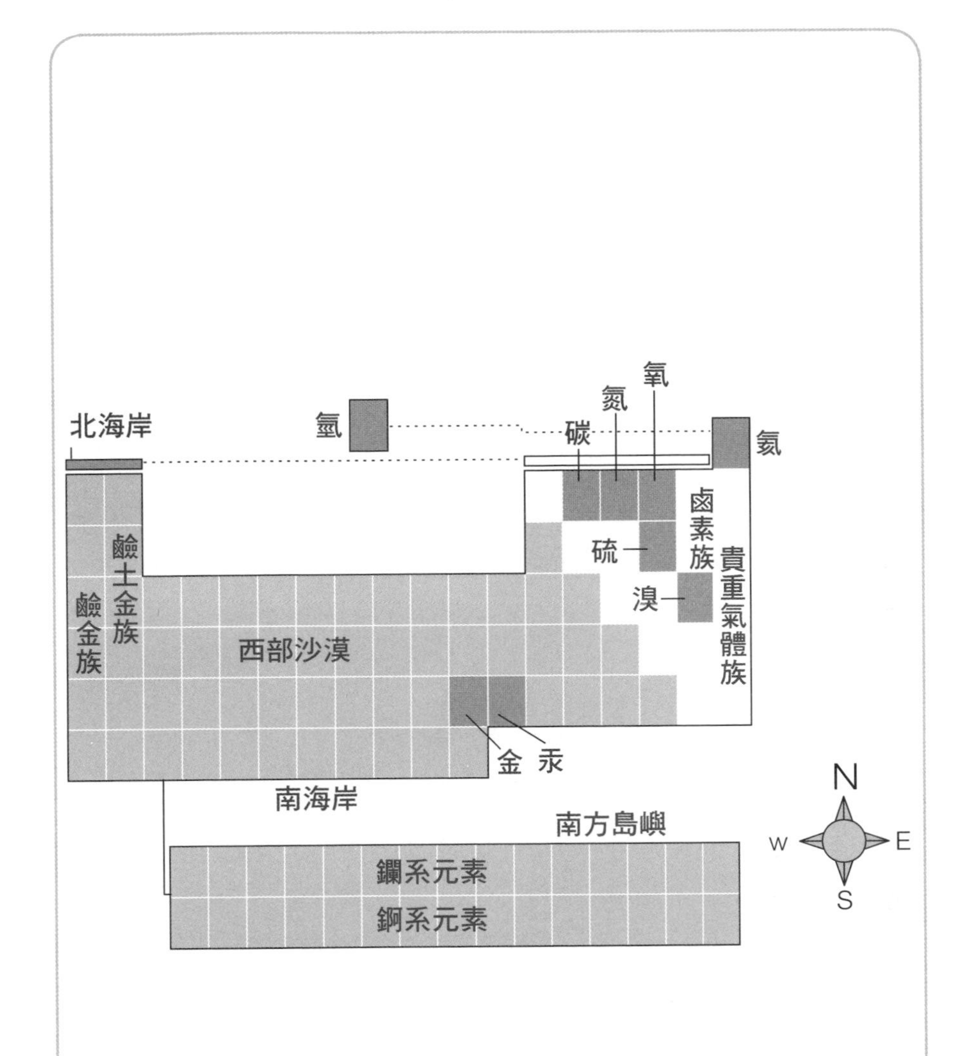

這是週期王國的簡明版圖，
版圖上面標有一些特性區域。
特別要說明的是，西部沙漠和南方島嶼
由金屬元素組成，
其他的元素區域皆為非金屬。

的湖不同，它不是清澈的灰色或藍色，而是醒目的深紅色，還有點接近褐色。

這片湖泊區就是元素溴（Br），它是這塊特殊土地上僅有的兩個湖泊之一。另一個湖泊位於西部沙漠的東緣，外觀與溴大不相同，它帶有刺目的銀色金屬光澤——那是元素汞（Hg），置身於石礫堆中的一片湖泊。

在東部的土地上，元素的形式與顏色都有多樣的變化（愈接近東海岸，這種變化就愈明顯）。自西部沙漠向東，大地逐漸轉變，進入看起來像金屬、但質地不那麼剛硬的區域，特性甚為模糊。這樣的元素包括矽（Si）與砷（As），以及王國中較不為人所知的區域，如釙（Po）與碲（Te）。

看起來這片土地的化學性質已開始顯得變化多端了。

事實上，在這部分我們較陌生的國土中，真實的情況往往與第一印象大相逕庭。

由我們目前的高度看來，最清楚的是景致的顏色。元素硫（S）的黃色是相當鮮明且為人熟知的，那就像是舊照片與形容地獄的昏黃色調。但是硫南鄰的元素硒（Se），顏色像是會隨季節變換似的，它可由金屬般的灰色轉變成另一種色澤飽滿的鮮紅。

同一種物質是如何變化出這麼多種色彩的呢？在這方面，硒並非是獨一無二的。常見的元素碳，也擁有相當明顯的多樣面貌：它最平常的形態呈烏黑色，但可以轉變成燦爛的鑽石、灰黑色金屬光澤的石墨，以及最近發現的一種橘褐色晶體——稱為巴克球（buckminsterfullerene，六十個碳原子構成的球狀碳原子團）。

我們必須留心，單一元素常會有多種形態，如果忽略它們的存在，很容易造成混淆。我們可以將這些形態比擬為一年的四季，不過它們真正的稱呼是「同素異形體」。等我們降落到王國的地表後，就會發現這些區域其實是處於其中一種季節。

近東岸有鹵素族

接近東海岸線時，景色的色彩就更加千變萬化了。其中最顯著的就是「鹵素族」，由緊密相接的元素家族所構成，包含了紅色的湖泊——溴。

從現在的高度，我們可以觀察到它們顏色的變化：由最北邊、幾近無色的元素氟（F）開始，顏色次第加深，經過黃綠色的氯，到它南邊紅色的溴；位於溴南端的是帶有紫黑色光澤的碘，它在接近南海岸處閃爍著微光；碘再往南是元素砈（At），這區域雖然有這個名字，但除此之外，大家對它幾乎是一無所知，原因與砈在真實世界中毫無用處有關。假如讀者從未聽過砈，那也沒什麼大不了的，因為砈完全缺乏足以讓人認識的特徵。在王國內，砈是一塊未曾開拓過、不具生產價值、相關研究又相當貧乏的區域。

這片地區擁有變幻萬千的色彩，是此處元素性質變化中較易觀察到的一點。由於王國的這部分具有悅目的顏色，吸引了人們的注意力，那也誘使我們進一步思索：是否還有一些微妙的變化，是值得更深入調查、甚至挖掘，以了解它的趨勢的呢？

事實上的確如此，等我們徒步遊歷這個國度時，就請你多留意一些不是那麼顯而易見的變化吧。化學是支配週期王國的法律總稱，研究化學的樂趣之一，就在於發掘出開展王國疆域、並將它們整編成各個家族的深層規律。

生機盎然的要地

其中有個方向是肉眼看不到的，就像看不到我們所呼吸的空氣一樣。週期王國中，有些區域的確看起來似乎空無一物。這些表面上空洞的區域位於東海岸及東北海岸，景色甚至比西部沙漠還荒涼。

但是東北海岸絕非一無是處的地區，因為元素氧就在這塊區域，它可說是所有生命的首要元素。氧氣對今日地球上的生物極度重要，因此你若想待在缺氧的地方，還必須有充足的氧氣供應，例如：攜帶氧氣筒潛入海底、太空船裝著氧氣前往月球；把氧氣灌入垂死的身軀，以拯救生命。另外，我們也把成噸的氧氣導入引擎內，協助燃料燃燒，以獲得動力。

氧氣是萬物生機的泉源，沒有了它，所有的生機與自主活動都將戛然中止。這就是看起來空無一物的王國東北邊所隱藏的力量。

並不是只有氧擁有隱形的力量，它西邊的鄰居氮，也是看似空無一物，但對生命仍是不可或缺的元素。許多生物上與工業上的反應，根本步驟都是要從蘊含大量氮氣的空氣中，把氮攫取出來。

氮氣的攫取過程稱為「固氮作用」，對地球上的生命而言，固氮作用具有絕對的重要性，它與光合作用、由大氣中的二氧化碳將碳固定的作用同等重要。早在人類出現於地球以前，固氮作用就已經在進行了，因為氮是構成蛋白質的基本元素，而蛋白質又是一切生命的根本；連代代相傳的遺傳訊息也都是仰賴氮來進行的，這是由於基因的要素為去氧核糖核酸（DNA），而氮是組成 DNA 的成分之一。

若缺少了氮這塊看來空洞的區域，生命就會終止——不僅遺傳力量會消失，也不會再有任何形式的生命作用繼續進行；因為蛋白質這驅動生命的大齒輪，將不再存在。

稀有？怠惰？還是貴重？

東海岸邊則具有完全不同的性質，它們也一樣是氣態元素，但幾乎不具反應活性。自從這些元素於十九世紀首度被化學家發現以來，曾命名過許多次。原本它們給稱為「稀有氣體」，因為化學家認為它們是很罕見的。不過，這種說法只適用於其中部分元素，並非所有的元素都很少見。例如其中之一的氬氣（Ar），它在地球大氣中的豐度比二氧化碳還多；而氦氣（He）在我們大氣中的豐度確實很少，但在宇宙中的豐度卻相當充沛，它占有 25% 的比例，僅次於氫。

另外，還有氡（Rn），位於東海岸的極南端，在地球上一些具有自然放射性的地方，氡的豐度多到可能會有危險。是故「稀有」實在不是描述這些豐度充沛的氣體的適當方式，因此這個名稱已不再使用了。

這個家族也一度稱為「鈍氣」（或稱「惰性氣體」），表示它們的反應性很低，這也是為什麼東部沿岸區到很晚才被發現的原因，因為它們不曾出現於化合物中。對早期的化學家來說，他們是藉由檢視元素間結合的情形來發現元素的，所以這片沿海的陸地一直維持著不可見、且未曾被察覺的狀態。

不過，近來有些試圖使它們與其他元素結合的研究也都成功了，因此這片地區不再是塊不毛之地。但那並不表示海岸沙漠已可結出豐碩的果實，那只是說，這裡已出現了一絲豐收的希望——就化學上的意義而言，相當於青草發芽的時期。因此所謂「鈍氣」的說法也不再成立了。目前這片地區的總稱是「貴重氣體」，意指它們不易發生化學反應，但並非完全不會產生任何化合物。

南方島嶼與北方孤島 »»»

從空中鳥瞰了一番王國疆域後，我們先做個簡單的總結。

這塊王國大陸的整體分布情況是：中西部是一大片金屬地區；往東走，取而代之的是極富景致變化的非金屬區，直到東海岸線，最終是一些反應活性相當低的元素。

在大陸南方，其實還有座大離島，我們稱為「南方島嶼」，它完全由金屬元素所組成，裡頭的許多區域特性，變化幅度並不大。

還有，就像冰島坐落於歐洲大陸西北緣海外一樣，在王國大陸的北方也孤懸著一座島嶼——元素氫。氫是構造簡單但具有重要功能的元素，對王國而言則是個不可或缺的前哨站。因為氫雖然簡單，卻賦有豐富的化學特質；同時它不僅是宇宙間豐度最高的元素，也是恆星燃燒時的燃料。

接下來，我們就來認識王國各地的物產。

第二章

物產豐隆

先前我們已經看過氧及氮的例子，了解無形並不表示無用。同樣的，表面上幾乎沒有變化的金屬沙漠地區，經過適當的運用後，其實是蘊藏著豐富資源的。在目前這個階段，想概觀整個王國的物產還不是時候，因為在我們充分認識物產之前，還需要知道一些有關王國制度的事情。但是先來趟初步的巡禮，還是滿恰當的。

金銀銅鐵照亮歷史

不論是真實世界的自然景觀，或是由科學及工業所製造出的產品，金屬元素都占有極重要的地位，例如西部沙漠中的鐵（Fe）。

鐵這個元素協助人類脫離石器時代，促使人類社會展開並完成工業革命。在工業革命之後的日子，鐵這片區域更呈現出欣欣向榮的繁華景象。鐵可與許多鄰邦結盟，像鈷（Co）、鎳（Ni）、釩（V）、錳（Mn），而形成合金鋼，鋼可以說是整個現代社會的基礎。

鐵能輕易與鄰邦結盟的現象，指出了一個特點，是我們在王國中不可能忽略的：在王國景致的地表下，潛伏著一股相似性的暗流，頗類似國與國之間若存有文化和經濟上的依存關係時，會使它們的聯盟更形鞏固。

鐵周圍的區域對真實國家的歷史也都非常重要。自鐵的位置往東跨幾步是銅，由於銅很容易由礦石中提煉出來，因此成為人類跨出石器時代後，最早使用的元素，也是首批得以加工處理的物質之一。

銅對不受歡迎的化學變化（我們稱為腐蝕）具有不錯的阻抗能力，使銅在日常生活中有兩種應用方法：其一是將銅做成水管，因為水是極具侵蝕性的化學物質；其二則是與鄰邦鎳結盟，用來鑄造錢幣。

此刻，我們又注意到王國中另一種暗藏的關聯：銀（Ag）和金都位於銅的附近，長久以來一直用於商業、裝飾及鑄幣等用途，一方面是由於它們外表閃爍發光、又珍奇罕見，另一方面更是由於它們同樣也具有抗腐蝕的特性。事實上，銅、銀和金有時並稱為鑄幣金屬，以彰顯它們在社會扮演的角色。

不能不矚目的地峽

總括來說，探討及開發西部沙漠的方向是由東往西進行的，這也是科技與工業對這些金屬利用的順序。

銅器取代石器，使人類進入青銅器時代；之後探險家往西推進，運用許多更有效的探索方法，而到達了鐵這塊區域，因此發展出更強大的武力。在天擇的前提下，有能力製造裝備更精良的武器，並以「殺戳」和「征服」自保的社會才能興盛。最強盛的國家可享有免於受侵略的自由，而且有餘裕繼續致力於鑽研工技。因此過一段時間後，探險家又得以往更西部的沙漠區域邁進。

在那裡，他們發掘了享用不盡的寶藏。

在西部沙漠的中央深處，東起鋅（Zn）、西至鈧（Sc）的一塊狀似地峽的地帶中，他們偶然發現到鈦（Ti）這個元素，那可說是上天所賜的最佳獎賞了。

鈦所具備的性質正是社會想提升至高科技階段所必須的——只要鈦能充分得到運用，就一定可以達成。鈦是一種不僅堅硬、而且抗腐蝕的金屬，不過它又很輕，算是在西部沙漠的這一帶中的代表元素。鈦及鄰邦釩、鉬（Mo），可與鐵結盟，形成耐用的特殊鋼，賦與人們劈裂石塊、建築高樓的能力。

這片地峽聯接王國東部與西部兩端的矩形地帶，提供我們社會無窮的工作力，而其中的成員又非常容易形成聯盟。這片地峽真是週期王國中極令人矚目的一塊國土。

鹼金族活力旺盛

西部矩形地帶也是西部沙漠的一部分，但它的各個區域就顯得比地峽中的區域更具特色。這裡的金屬從未被人發現是以元素狀態存在於大自然中，因為它們所具有的化學反應能力太強了，其中大部分的金屬連碰一碰都會造成危險。

此處是王國中化學特徵極為顯著的部分，雖然不像東部矩形地帶一樣具有五彩繽紛的醒目色澤，但也毫不遜色。想對它有所了解，我們僅需看個簡單的化學反應就知道了：請您觀察一下，當雨點落在王國中這個西北偏遠地帶時，會發生什麼情形呢？

鋰（Li）位於遙遠的大陸西北角，降雨對此處並不會造成什麼影響。當雨點落至地面時，這塊土地確實會咕咕作響，並冒出氫氣，但整體來說，反應還算平緩，國境也沒受到太大的干擾。

可是對於鋰的南鄰鈉（Na）來說，情況可就大不相同了。在這裡，雨滴與土地會發生強烈的反應，只要有雨點落到地面，就會馬上冒出氣泡，且達到沸騰的狀態。

好啦，如果說雨對鋰的區域影響不大，而在鈉的區域已具有強大的威力的話，那麼對緊鄰鈉南方的鉀（K）而言，雨水帶來的效果是令人難以置信的，地面不僅大鳴大叫、冒泡，而且還會起火燃燒。

由於這些金屬與雨水所產生的反應是如此劇烈，使得氫氣被點燃了；只要一下雨，這片區域根本是不能靠近的。更何況是再往南的區域呢？下雨簡直具有爆炸威力了。對更南的銣（Rb）和銫（Cs）這些區域來說，每顆雨滴都是個炸彈，一接觸到地面就會爆炸。

可見這元素家族的化學反應活性是從北往南遞增，愈加剛烈的。

位於西部沙漠沿岸的這些金屬，總稱為「鹼金族」，雖然充滿危險性，但並不表示它們在自然界和工業界毫無用處；只要小心運用，危險性也是有利用價值的。舉例來說，鈉是調味鹽（氯化鈉）的成分之一，鹽是相當重要的物資，甚至連政府都得負責調節它的供需。

鈉也是神經系統與腦部活動中的必要成分，如果缺乏鈉，我們精密的生物組織就會淪為死氣沉沉、甚至癱瘓的設備了。鉀這種鹼金屬的特性與鈉只有些微的差異，也是神經細胞活動中的必要成分。我們的思想和行動，就是靠鈉與鉀這兩種相似元素精巧的交互作用來維持，使得原本沒有生命的物體活躍起來。

現在我們又再一次體會到，王國內的鄰邦互相結盟的潛在能力了：合併使用後協調一致的性質，比單獨使用時的性質更能發揮作用。

鹼土金族巡禮 »»»

由鹼金族往東一步，位於西部矩形地帶中的是另一組性質密切相關的區域，這個家族的名稱為「鹼土金族」。

元素鈣（Ca）是其中的一員，和鋰相同，在下雨時也會達沸騰狀態，並靜靜冒出氫氣的氣泡。不過鈣是個比鋰有用得多的元素，早在人類懂得運用鋰（主要用來製造核彈）之前，大自然就已經發現西部沙漠中這塊區域的用途了。

鈣和鈉、鉀一樣，是神經活動中的要素，它同時也負責構建與維持動物的形體。在自然界，鈣存在於骨骼（成分為磷酸鈣）及甲殼（成分為碳酸鈣）中。死去的甲殼動物遺留下碳酸鈣，逐漸累積之後，最終形成了我們地球的堅硬地表。石灰岩山脈就是海洋生物的遺骸，因為其中含有鈣，所以才能屹立不搖。

人類也學會自然界對鈣的運用方式，開始挖掘石灰岩礦，並建造矗立了千年之久的建築物。羅馬人十分懂得製造水泥和洋灰漿，但並不了解其實他們是在開採週期王國中的鈣礦產。假使世界上沒有西部沙漠的鈣這項產物，不僅文明社會無法蓋起永恆的建築，動物也不可能發展出攻擊的武器（像牙齒或長牙），昆蟲身軀更是失去了外殼的屏障。

鎂（Mg）緊接於鈣的北方，是個性質與鈣相似的區域，不過仍有些微差異存在。鎂的反應性比鈣低，下雨時這片地區幾乎沒有變化；但與鈣相同，鎂也可以做為物種的骨幹。另外，在一種類似白堊石、稱為白雲石的礦物中，也曾發現鎂及鈣；便是白雲石形成了奧地利與義大利的白雲岩山脈。

鎂這個區域還有一個特別重要的物產，稱為葉綠素。葉綠素這種有機分子，在它構造的眼核中央嵌著一個鎂原子。若失去了葉綠素，世界不會再如我們所知般，是個綠意盎然的生命避風港，而只是好大一塊濕熱的岩石而已。葉綠素轉動含有鎂的眼核，面對著太陽，以攫取陽光中的能量，這是光合作用的第一步驟；而鎂正是使這個作用能正確進行的因素，原因我們會再探究。如果王國沒有了鎂元素，葉綠素的眼核將失去視力，光合作用就無法進行，我們所知的生命也不會存在了。

鹼土金族的南半部是金屬元素鍶（Sr）、鋇（Ba）與鐳（Ra）。現在整個王國的模樣已逐漸浮現出來了，由於建立模樣也是預測各地區性質的根據，因此我們可以預測出，這些南方區域的反應能力會比北半部的區域強得多。

事實上，這幾種金屬對環境的破壞性的確太強，無法派上什麼用場，因此自然界不曾利用過它們。不過大自然所孕育的人類，還是找到運用它們的方式，例如，鐳是種具有高度放射性（這是核性質，而非化學性質）的物質，可用來殺死惡性增殖的細胞。另一方面，鍶 90 是鍶的放射性形態，為核輻射塵中的成分之一，如果進入人體、逐漸累積後，會取代骨骼中的鈣，而殺掉維持生命所需的細胞，導致白血球過多症。

誰是國王？

現在我們得再度橫越地峽，去造訪東邊的矩形陸塊。

東部矩形地帶的物產豐碩得令人歎為觀止。最有趣的區域分布於北海岸，其中的氧及氮這兩塊區域我們已經參觀過了，但是就物產豐饒這點而言，在北海岸、甚至整個王國之中，沒有一片地區是比得上碳的。

碳是十分平凡的元素，能夠非常隨和的與其他各區域聯結在一起。跨過東側的氧及氮兩地，就是反應性極強的氟了；但是碳與氟不同，碳不是搶眼的歌劇女主角。不過在化學的國度裡也和真實人生一樣，謙遜反而是有福的，碳就憑藉著平易近人的方式，廣結善緣，為自己贏得週期王國的國王榮銜。

至於，碳也是有機化合物的構成要素，這我就不再贅言了。「生命」這最為與眾不同、最錯綜複雜的性質，可以說，完全是植根於王國北部的這片黑色區域。

緊接於碳南邊的是元素矽。和一般鄰近區域間的情形相同，矽與碳之間也存在著隱約不明的關聯。矽能和碳一樣形成長鏈分子，以提供複雜如生命現象的反應過程所需，只是形成的範圍不是那麼廣泛，而且也還沒有創造出自己的生命。然而，在這方面，矽可能還是在沉睡中而已。

怎麼說呢？生命體是碳的主要產物，曾經掙扎了幾十億年，才建立起自行累積與散布資訊的方法（這是「生命」的嚴格定義與精華處），而矽看起來仍蟄伏著。不過近幾年，碳與矽這兩個地區已經開始結盟：在資訊科技方面，以碳為主的生物發展了以矽為主的製品用途。

但這是矽被碳奴役的狀態。然而，目前是已獲得生命的含碳生物，逐漸在激發矽的潛能；很可能有一天，矽會推翻碳的霸主地位，並自行篡位，擔任統治者的角色。矽的確擁有長期發展的潛力，因為它的新陳代謝與複製過程不像碳那麼麻煩。

這是王國各地的聯盟中，最微妙的相互關係了。如果沒有碳的提攜、協助，矽不會有機會了解自己潛藏的實力，當然也沒有機會篡奪碳的地位。

東部恬靜，西側好挑釁

我們在這片東部矩形土地上繼續盤旋時，就會發現王國中一項獨特的規律。

毫無疑問的，碳是個典型的非金屬元素，它的西鄰硼（B）及東鄰氮也都是。但是如果我們往南直飛，就會進入西部沙漠的邊緣地帶。這道邊緣地帶由西北至東南，斜伸入東部矩形地帶中。

坐落於這塊伸出的三角形區內的，是沙漠區東緣最後幾個元素，包括人們熟知的金屬元素鋁（Al）、錫（Sn）、鉛（Pb），以及不熟悉的元素鎵（Ga）和鉈（Tl）。

現在，我們得注意對角呈現的模樣：無論是沙漠邊緣或相似性，都是由西北向東南斜伸過去，橫亙於王國之中。

西海岸的金屬都精力旺盛，因此具有危險的強大反應性，可是在沙漠東緣的這些金屬卻十分平靜沈穩，就化學性質來說，它們的穩定性實在很高。

比方說錫，曾經用於製造鐵罐的防護外層，不過後來發展出利用近鄰鋁製成所有飲料罐的技術後，罐頭的內層鐵和外層錫就完全被鋁質所取代了，連可樂這樣具腐蝕性的飲料都不例外。

錫的南鄰鉛，由於具有化學穩定性，因此在更早以前就開始運用了。自羅馬帝國時期，直至今日，人們都使用鉛來輸送一種具有侵蝕性的液體——水。不過很可惜的是，連鉛都無法完全抵抗水的侵蝕，所以會有少量的鉛經由飲用水滲入人的腦部，導致心智衰竭，許多帝國也一一崩潰。這種情況就是因為位於北端的碳，與南部盡頭處的鉛締結聯盟，所造成的後果。

西部沙漠東西兩側的金屬有著很大的差異：東側恬靜自給、西側卻危險挑釁，這顯示在兩者之間的地峽，扮演了一段過渡性橋梁的角色（參見次頁圖）。但是如果你細觀地峽，就會發現地峽本身的這種過渡性質也十分明顯：西邊的鈧是具攻擊性的金屬，接近地峽東邊末端的銅卻非常安定。

事實上，地峽內的元素統稱為「過渡金屬」。不過由於某些專業上的理由，鋅、鎘（Cd）及汞這幾個地峽東邊的相鄰區域，並不包括在過渡金屬的總稱之內。但是廣義上，我們仍可將地峽視為一道斜坡，代表化學反應活性由西向東遞減。

東部矩形地帶

我們再將注意力移回東部矩形地帶。

在前面說過的沙漠東緣三角形地區，從西北到東南可劃出一條界線，自此線開始，金屬逐漸消失，而由非金屬取而代之。這裡有一片元素性質模稜兩可的地帶，稱為「兩性金屬」，擁有金屬與非金屬的雙重性質。這對角地帶包含矽、砷等著名區域，還有一些可能較陌生的銻（Sb）、釙等區域。

我們發現，碳正好與這個地帶毗連，而矽則是其中的一員。這片領域雖然性質模糊，但包含的元素卻掌控了最複雜難解的現象：生命及意識。這或許有點不可思議。

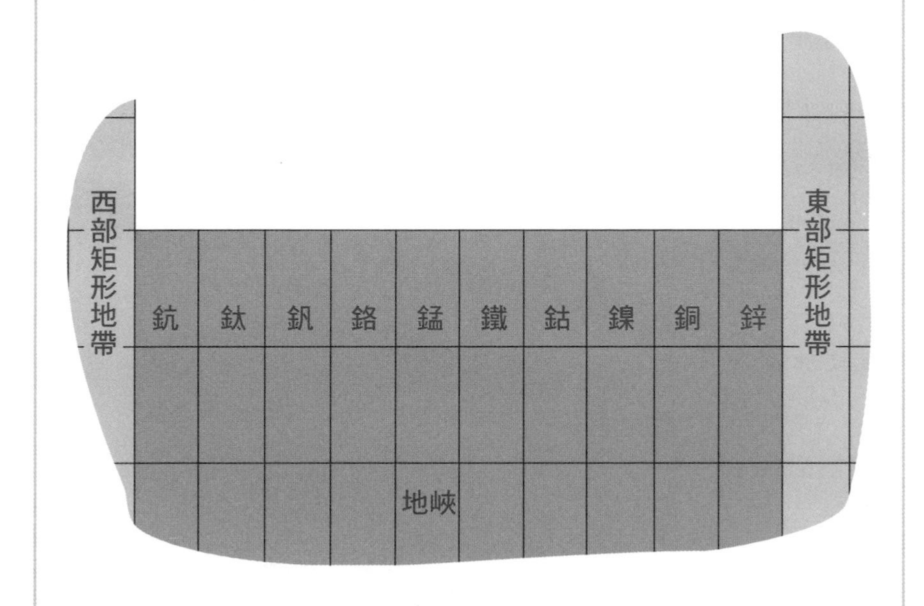

金屬地峽聯結了西部矩形地帶與
東部矩形地帶。
圖中標示了地峽北部的幾個元素區域，
由左至右分別是：鈧、鈦、釩、鉻、
錳、鐵、鈷、鎳、銅、鋅。

越過性質混沌不明的兩性金屬界線，我們就會穩穩降落在東部矩形地帶的中心位置，這裡是非金屬的轄區。一些我們很熟悉的區域，像是氮、氧及鹵素族都在這兒。另外，在氮和氧正南方的兩個區域——磷和硫，至少大自然對它們的用途早已有所認識，並充分開發了。

緊接於氮南邊的是磷，起初是由尿液中蒸餾分離得來的。處理尿液，可能是化學家準備投注精力於事業的象徵，也可能只是顯示他們的職業生涯中，一種令人困擾的糞學研究起源。

在最初分離出磷之後，又發現了許多種磷的形態：有白磷、紅磷，以及一種黑色金屬的種類。但目前這並不是重點，重點是，我們應該注意到，當我們由北海岸往內陸前進之後，元素的性質產生了相當劇烈的變化。海岸邊的元素氮是無色、不具反應性的氣體，但是緊鄰氮南側的磷卻是色彩鮮豔、反應性強的固體。往東跨一步也有相同的差異狀況：硫是黃色固體，卻位於氧這無色氣體的正南方。在沿岸平原與其南鄰的一排陸塊之間，確實有一道差異性的鴻溝。

事實上，從硼到氟，這幾個北海岸元素都與南側緊鄰的元素有明顯的不同，稍後我們會再深入探討。雖然表面上看來，這兩排元素的外觀和應用方式都大不相同，但在更深一層的內部構造中，其實基本上是相似的。因此在週期王國中，將它們排列成毗鄰的位置並沒有錯。

生命的盟約 »»»

在東部矩形地區北岸的小範圍內，擁有建造生命架構的主要磚塊：碳、氮、氧及磷。

磷和氮是同宗族的血親，不過因為有些微的差異，而呈現出複雜多變的風貌。我們已知磷是骨骼（磷酸鈣）的成分之一，但除了成為脊椎動物的支架外，自然界對磷還有更重要的運用途徑；因為磷具有一種很巧妙的特性，特別適用於配置生物體內的能量分布形式。

生命最不凡的特質是它並非在一瞬間完成的，而是包含了緩慢的舒展，與精細的能量排列方式：有時在這裡有一點能量，有時則在那裡，而不是如洪水氾濫般急遽散布在各處。生命是在精心掌控中釋放能量的過程。磷可以存於腺苷三磷酸（ATP）中，成為縝密配置能量的最適當媒介，因此磷是所有活細胞的共通物質。不過，病毒本身缺乏磷，必須從宿主身上攫取磷，一旦得到磷後就能激發活動的能力。

現在我們看到了另一種有機聯盟關係：在由氮所構建的蛋白質控制之下，負責利用及轉換能量的重要元素氮，與負責配布能量的重要元素磷，結盟在一起了。磷最主要的功用可以說是：促進農化工業的發展，以支援王國中這片生命樞紐區域的主要活動。因為，農作物的生長完全仰賴充分的磷肥供應，每年所耕種的無數作物中的每一個細胞，也都需要它。對於人們來說，栽種時我們施加磷肥，收割後我們又可以從農穫物中得到它，作物、人與磷就這樣相依相存。

至於硫，在早期大自然嘗試各種發展生命的機會時，對硫也曾有過運用。大自然的方式是不經意而無心的，但卻意外有效。譬如，自然界發現硫化氫（H_2S）在某些方面與水（H_2O）相似，因此可用於類似光合作用的反應中，做為供應氫的來源，和水扮演同樣的角色。

不過值得注意的是，當綠色植物攫取了水分子中的氫後，排出的是氧氣，氧氣均勻混合於整個大氣中；然而細菌體內自硫化氫攫取了氫之後，排出的卻是硫。硫是固體物質，並不會隨風飄走，所以這類生物必須發展出將自己的排出物堆積起來的生活方式。這可以找到證據，我們在墨西哥灣的海底已挖掘到古代的硫排出物小山。

自然界盲目測試各種傳送與累積資訊的可能性，後來的結論是：硫的北鄰氧要合適得多。如今，只有極少數生物會運用到硫，而且僅有一些自然界不太重要的原始物種，才會利用硫化氫。

不過這並不意味著，沒有任何一種現代生物會設法運用硫來達成目的。事實上，硫和氧的化合物——硫酸，就是一種支配人類化學工業的化合物。僅有極少數的製品，在幾個製造階段中不必用到硫酸。硫酸的生產量已給視為國家經濟發展的指標，更進一步說，硫酸是國家農業蓬勃與否的指標，因為硫酸與肥料的製造有很密切的關聯。硫酸在這方面的主要應用是與含有磷酸的岩石反應，以獲得磷酸，所以這又是另一種聯盟關係：以碳為主的生物利用含硫的酸，製造以磷為主的肥料，以賦與以氮為主的蛋白質生命力。

鹵素一族 ≫≫≫

在硫和磷這排濱海地區之南，性質的變化就不再那麼劇烈了，而且跟我們提過的一樣，隨著土地愈往東南，普遍的趨勢是由金屬的特性取代非金屬的特性。

這塊區域是大自然極不易開發利用的，像硒、碲、釙，以及略為往西的砷、銻、鉍（Bi）等。不過事實上，緊接於維生的磷南側的砷，卻是最佳的毒藥來源。砷之所以能成為毒藥，主要就是因為它與磷的性質相似，因此能夠巧妙的取代磷、侵入生化反應中，破壞細胞的新陳代謝。砷的殺傷力可以用在好的方面，譬如製成對抗傳染病的藥劑，也可以用在壞的方面，例如製成殺人的神經毒氣。

緊臨這塊區域東邊的，就是鹵素族了：從北邊的氟開始，到南邊的碘，碘下面緊跟著位於南海岸、不為人知的砈。

除了砈之外，鹵素一族對自然界及工業界都相當有用，因此雙方面都廣泛的開發運用這些區域。十九世紀末，化學探險家首度進入氟這個區域時，發現氟的實驗性質非常奇特。在化學上氟是一種劇毒氣體，而且十分難以儲存，因為它很輕易就能侵蝕容器，把容器變成破了洞的漏勺。然而到了二十世紀中葉，為了核武戰爭及核能和平用途的需要，必須分離鈾的同位素，在分離的過程中就會使用到揮發性化合物「六氟化鈾」，因此氟的供應量得維持充沛。現代科技已發明處理這種元素的方法，使氟能充分供應。

氟還有一種有益的用途：可以做為牙齒琺瑯的強化劑，進而改善所有國民的牙齒健康。另外，氟的充足供給也帶動了氟碳化物的生產事業，這種化合物可提供方便好用的不沾鍋塗料，及其他用途。

走訪氯、溴、碘

氟的南鄰氯早已經為自然界與工業界所利用，因為氯盛產於海水中。氯與鈉共同組成氯化鈉，就是海鹽；海鹽經過一定程度的精製後，就成了廚房和餐桌上所用的食鹽。

氯在人體內的豐度也很高，因為生物原本發源於海中，而我們體內的液體通常都十分類似水中的環境。氯在人體內的角色與在海洋中相同，只是做為鈉的配偶而已，是處於較為保守的地位，並沒有顯現自己的功能。不過當氯呈氣態時，具有強烈的反應性，那就與北鄰氟非常相像了。氯氣不僅能殺死細菌，也能殺死人類。

另外，氯還可能透過更複雜的方式對人類造成危害，因為具冷媒功用的氯碳化物和氟氯碳化物（CFC）會散逸至較高的大氣層中，導致地球臭氧層產生破洞。

臭氧是氧的同素異形體，為氣態，已在我們地球周圍形成一層保護層，能防止從太陽照射來的有害紫外線輻射進入地球。這種輻射線會侵襲精密、有用的有機分子，將它們截斷成無用、有時甚至有害的分子碎片。一旦臭氧分子遭受到氯的攻擊，就會變回一般的氧分子，如此一來，地球的保護層便出現了破洞，很難再阻擋紫外線輻射侵襲了。

巡禮到這裡，我們不由得一歎：王國中的這個鹵素區域確實有許多用處，但它也應該為造成環境的損害而負責。

再往南是液體元素溴的湖泊，這是東部矩形地帶中唯一的湖泊，而且是全王國僅有的兩個湖泊之一。大自然幾乎忽略了元素溴的用途，因為利用氯就已足夠了，另一方面氯的豐度也充沛得多，而溴與氯的差別並沒有為溴帶來什麼特別的功用。

不過化學家倒是發現溴是一種很便利的元素，因為經由化學反應，可以很輕易的使溴附加在有機分子上，要移除它也很容易，所以常應用在修改分子結構的工業需求方面。

溴在本質上是個實用主義者，並且不愛曝光，應用它的人主要是大宗製造商而非小盤零售商。雖然我們不常接觸到溴，它的功能仍然相當受到重視，其中一個非常廣泛的用途是攝影底片——那是由於溴化銀發揮了銀和溴的特殊光化學性質，而能補捉光所造成的影像

由溴再往南走，就是碘。碘與氯的性質差異已經很顯著，對自然界而言，碘也比溴有用得多。大自然尤其喜愛把碘調遣往生物內部、負有防禦機能的生化作用中，以防範異種化學物質及微生物入侵。

南方島嶼二大家族 »»»

在我們的地圖上，狹長的南方大離島是一塊很奇特的王國附屬地。事實上，它是西部沙漠的延伸；有些週期王國的地圖便把它畫在大陸內部，但這會在過渡金屬地峽中產生一條突兀的狹長陸地。

南方島嶼是由兩條性質均一的沿海狹地組成的。先說北邊狹地，它擁有十五個非常相似的區域，屬於一整個金屬家族，稱為「稀土元素」，正式名稱是「鑭系元素」。此外也有人稱它們為「內過渡金屬」，那是起因於將島嶼插入地峽中的畫法。

鑭系元素的每個成員都太近似了，一直到最近，還得費盡心思才能將它們個別分離出來。事實上，由於它們的特性是如此整齊畫一，可以說根本沒必要花那麼大的力氣使它們分離。還有，大自然在創造生命時，似乎也未曾運用過鑭系元素，而人類也是到如今，才零零星星的開發這些區域的用途，其中之一是做為燐光體的成分。燐光體能把加速電子束的能量，轉變成電視映像管中五彩繽紛的顏色。

南方島嶼的南邊狹地則由名為「鋼系元素」的金屬家族所構成，成員也有十五個。

在 1940 年代之前，發展原子彈的「曼哈坦計畫」尚未開始，王國的疆土只開拓到鈾為止（其中或許有某些未開拓的區域，也可能已經在遙遠的星體上自然存在）。

曼哈坦計畫在南方島嶼上大力開疆闢土，後來發現並製造了在鈾之後的元素，稱為「超鈾元素」，不僅擴展了王國的領域，也開發完成島嶼的南邊狹地。

直到今日，相同的開墾計畫還在王國大陸的南海岸繼續進行，每幾年都會再往東拓展出一個新生區域。但是這些近來發現的區域大部分都沒有實際用途，因為這些區域都極度不穩定，只存在非常短的時間就消失了。例如 1994 年，曾經有人報告已製造出元素 110 的原子，不過因為存在時間太短了，還無法確定。

東海大峭壁

再回頭看王國大陸的東海岸。

從鹵素族到東海邊的貴重氣體，兩個地帶雖然相互為鄰，卻有另一道險峻的峭壁存在，象徵著化學反應能力有南轅北轍的差異。

在地質學上，若土地有這麼高聳的隆起時，一定是有特殊原因造成的；在化學上也是一樣。由反應性很低的貴重氣體海岸，到反應性極度強烈的鹵素族高原之間，會存有如此顯著的化學活性差異峭壁，當然是有原因的；不過現在還不是解答的時候。

貴重氣體雖然幾乎不參與任何反應，並不表示它們是王國中的不毛地帶。有些情況下，缺乏活性反而會帶來功用，例如當正常大氣、或僅含氮的大氣都很容易催化反應進行時，我們就可以使用貴重氣體充當局部性的惰性大氣，來緩和反應的發生。另外，它們也有若干有用的物性，其中之一是氦的沸點相當低，因此想達到極低溫時，氦是很適當的冷卻劑；還有當電流通過這些貴重氣體時，會產生五光十色的美景，這現象的應用就是霓虹燈。

危險邊緣

到目前為止，我們所提及的，都只是元素最主要的應用及產物，因為假如介紹得過分巨細靡遺，這本原僅是旅遊指引的書，恐怕會變成生物化學、礦物學和工業化學的百科全書了。

週期王國中幾乎沒有區域是不具用途，或不曾讓自然界及工業界充分開發的。但話說回來，真實世界裡，的確有些地理區域對全球經濟不太有貢獻；而不知何故，王國中也有完全沉寂的元素區域。照理說，每個元素或多或少都會具有較特別的性質，使它擁有某些作用，甚至表現得比鄰居更傑出，更能擔負某種重要的使命。因此，那些乏人問津的元素並不是本身的性質有問題，一定是其他原因造成的。

有兩個典型的原因：第一是元素在地球上的豐度極端稀少，根本不是能儲存的物資。像鍅（Fr）及砈就是如此，僅存有顯微鏡下才能觀測到的量（曾經有人測量過，地球上不會同時存有十七個以上的砈原子），所以無法提供商業使用。

此外，最近在王國大陸南海岸開墾出來的超鈾元素地區，製備量也差不多是這樣，在極端少量的情況下，當然不容許任何開發的可能性存在。

第二個原因是放射性。位於東南處的鉍，可說是王國穩定性質的前哨站，在它之後的元素都具有放射性。例如南方離島南邊狹地（也就是錒系元素），以及王國大陸的南海岸，都是危險之地，因為處處皆具放射性。其中的氡雖然豐度充沛，卻也無法激起人們研究這個危險放射性氣體的興趣。

沿著這段南海岸線，到處都充滿警告性的死亡信號，即使是最躍躍欲試的化學家，也逐漸撤離了這片地區。畢竟，愛惜生命的心理還是戰勝好奇心。

47.9 50.9 52.0 54.9 55.8 58.7 63.5 65.4 69.7

40 41 42 43 44 46 47 48 49

Nb Mo Cd In

92.9 95.9 101.1 102.9 107.9 112.4

73 74 75 76 77 79 80

Ta W Re Os Ir Pt Hg

180.9 183.9 186.2 190.2 192.2 195.1 197.0 200.6

105 106 107 108 109 110 111

Sg Bh Hs Mt Ds

271 270 277 276 281 280

第三章

物理的地貌

60 61 62 63 64 65

Pm Sm Eu Gd Tb

145 150.4 152.0 157.3 158.9

93 94 95 96 97

週期王國有許多特色不是隨意一瞥就能察覺到的。與真實國家的情形一樣，想要得到各區域的進一步知識，並了解王國潛在的規律，就必須做實際的測量。

有些測量是直截了當的，但有些就需要高度的技巧。不過無論用哪一種測量方法，我們都會為每個區域標上數字，區域數字的變化便可以假想成國土高度的變化情況。這就好像在繪製真正的疆域地圖時，我們會量測各處的高度，然後畫出等高線，並在每兩條等高線之間塗上不同顏色；或者，您也可以製作出模擬土地高低起伏的立體模型。不同的顏色和類似等高線的線條，還能用來表示其他性質的變化，例如人口密度或土壤的酸度等。

著陸一觀山川地勢

在這一章裡，我們就要來探索王國領域中若隱若現的另一番風土，它們的大小數值都表示成高度的形式。

必須先聲明一點：由於週期王國只是個幻想的國度、化學家的夢土，它的形貌大可依您所選取的真實觀點而自由浮現，不必受到任何限制。所以，我們現在就要讓想像力插翅而飛，在王國領空自在翱翔，捕捉那伴隨著我們所要探討的特性高低而來的起伏。

不必驚奇，我們不是已經看過一個例子了嗎？在王國最東部，鹵素族所在的高原與貴重氣體的海濱地區之間，就有那麼一道陡峭的懸崖。那是我們將化學活性的強弱，比擬成陸地高度升降的說法。更前面我們也曾說過，東部矩形地帶北海岸平原與其南鄰的一排陸塊之間，確實有一道差異性的鴻溝。那也是我們利用高度差，來顯示它們物理與化學性質差異程度的描述方式。

不過，這些敘述都還沒有任何數量化的意義，只是便於讀者理解而已。而現在，我們打算運用明確的物理測量法，來標記出真正的數值，讓這片幻想疆土的高度及深度變得更加具體。

我們必須邁出重要的一步，才能充分探討王國的地形地勢。到目前為止，我們大部分都是從空中觀察王國，看過各個區域與它們在地底深處起伏的韻律；我們曾分析過元素所造成的各種現象，它們的外形、形態、顏色與物理狀態。而現在，該是著陸的時候了。

發現一顆顆小圓石

無論我們降落在哪裡，都可以詳細審視疆域的細微構造。透過思考，很快您會發覺到，好像有些什麼是反覆出現，是需要深入觀察和精確測量的。沒錯，就是原子，那是構成所有元素的基本單元。不過，每個區域都有它獨特的原子形態和結構，這是各區域間最大的區別。

在往後更仔細說明週期王國時，原子的內部構造將成為主題，因為那是一切完整解釋的基礎。至於現在，我們就先把原子想像成一顆顆小圓石：同一個元素區域內所堆疊的小圓石都完全相同，但是這個區域與那個區域的小圓石都不相同。

王國的微觀構造是所有作用的根本、以及特性的區別之處；尤其是原子，我們可以用它們的質量、直徑及其他能詳細檢測的特徵，來加以分別。

首先，讓我們先考慮一種直接可測的原子性質——質量。所有原子的質量大小都界於 10^{-31} 公斤與 10^{-29} 公斤之間。由於這種數值不太容易表達，若使用相對值來表示要方便得多了；為了簡化起見，我們將氫原子的質量定為 1，然後對應這個值，定出其他原子的質量。因此像碳原子的質量約為氫原子的十二倍，質量就定為 12，而鈾原子的質量約為氫原子的二百三十八倍，質量就定為 238。

近代化學家已經重新校訂過這些相對質量值，新校訂的值就稱為「原子量」。不過原子量的數值大小，與原先用簡單方法得到的數值非常接近。

原子量的地貌

現在，就請您以「元素原子相對質量」的觀點，讓想像力在王國的疆土上方插翅飛翔。您由東北遠方所眺望到的王國地貌，就成了次頁圖示的模樣。

這樣的王國地勢是由最具危險放射性的東南端，傾斜向西北角的。南方島嶼的傾斜方向也是由東向西，而島上的南邊狹地高度一律比北邊狹地高。

大致看來，各處的高度攀升得相當規則。不論您置身於王國大陸的何處，只要往正東方走，就一定是往上攀升；而往正南方走的，又會發現高度急遽增加。最低的地方位於北方前哨島氫、東北岬角氦，及西北岬角鋰，幾乎都貼近海平面。您若走在南海岸線，會比走在低窪、海浪輕拍的北海岸，高兩百倍以上。

在王國這種特殊的景觀下，新開墾的東南遠端陸地，更是高聳入

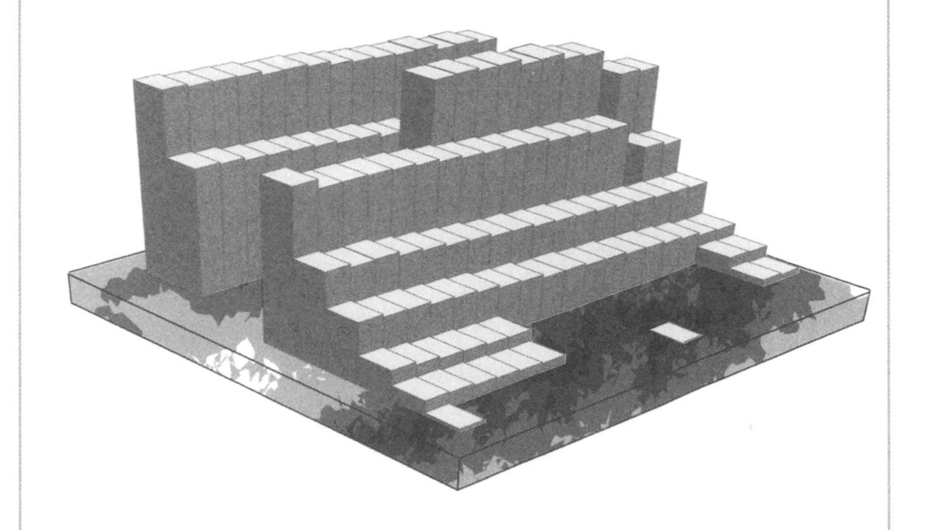

這是以原子量的大小為高度所繪出的王國地形圖。
我們是由東北方眺望王國地勢，
所以南方島嶼位於遠處；氫則坐落在正前方，
因為高度很低，剛好浮在海平面上。

雲。南海岸線形成了極端高挑、陡峭的懸崖，甚至比南方島嶼還高。

只有在幾個地方，由西向東的高度變化趨勢不太正常，如果不小心的話可能會絆倒。像在東部矩形地帶的碲和碘之間，以及在地峽中的鈷和鎳之間，都會使我們在進行想像的地面之旅時跌跤，因為碘和鎳這兩個地方的高度是稍微下降，而非上升的。王國陸塊上出現這樣的小缺陷，很顯然需要解釋，就像地質學家得說明地質現象一樣。但現在我們還是先把疑問放在心裡，留待以後再解答。

眼前更該注意的是，國度中之所以產生小缺陷，其實正是個警訊，告訴我們原子量並不見得能成為元素的基本特性。原子真正的基本性質，應該要能夠整合所有其他的物理及化學性質，以便我們對整個王國提出一套完整的解析方式。這樣的特質不容許有任何瑕疵存在。

顯而易見的，王國中原子量的上升趨勢通常相當一致，這表示它與真正的基本性質之間似乎有極密切的關聯。但原子量畢竟不是我們所要的基本性質。不過無論如何，對開拓王國的先鋒部隊來說，原子量的概念還是相當管用。那些打前鋒的人知道，東南邊區域的原子一定比它們北邊和西邊區域的原子重；還知道往南或往東走時就得攀爬，而走回西北岬角的途中一路都是下坡……等事實。

原子直徑的地貌 »»»

原子的直徑也是週期王國各區域的特徵之一，但是原子直徑的變化量遠比原子量小得多。例如，鈾是很重的元素，它的直徑卻只有最輕的原子——氫的二、三倍而已。

一般原子的直徑長約為 0.3 毫微米。毫微米的英文簡寫是 nm，

1 毫微米相當於 1 公尺的十億分之一，或是 1 毫米的千分之一的千分之一，這已經快超乎我們能想像的尺度邊緣了。因此，以原子直徑的觀點繪出的王國地貌，顯示起伏度要比原子量地貌小得多（參見次頁圖）。同時它的外觀也不規則得多，因此我們立即可以判定原子直徑並不能視為原子的基本性質。不過我們還是將直徑的地貌繪成立體圖，那可以幫助我們了解更多事情。

一般說來，原子直徑地貌圖是由北往南增高，而由西往東下降；當然您一眼就能看出有許多例外。您若把原子量地貌與原子直徑地貌相互比較，就會發現：原子的重量是從西北向東南遞增，但直徑卻是減小。

這個看起來很古怪的趨勢，有一個特別重要的例子：當我們在原子直徑地形上，由西至東橫越地峽時，地勢先是往下沉，然後逐漸攀升至東部矩形地帶，接下來又再度下降。

一定有某些內部地質作用影響著王國地層，才會使地形變化得如此劇烈。很抱歉，這又是另一個得留待以後再來解釋的問題。

國度中還有另一個奇特的現象：雖然在原子量地形上由北往南走時，幾乎毫無例外的都是穩定上升；但在原子直徑地形上，這種上升的幅度在大陸南部卻要小得多，尤其是接近南海岸線時，高度甚至還有點下降。例如，鉑（Pt）與銥（Ir）南邊的區域都比它們的正北鄰低，這個趨勢與原子量地形是相反的。

很明顯的，這樣的原子直徑地貌顯示，必定存在某種複雜而隱密的作用。雖然於目前這階段，我們連推測的能力都還沒有，不過我們可以了解到，這對王國的自然本質會形成很深遠的影響，而且也將左右元素的性質。

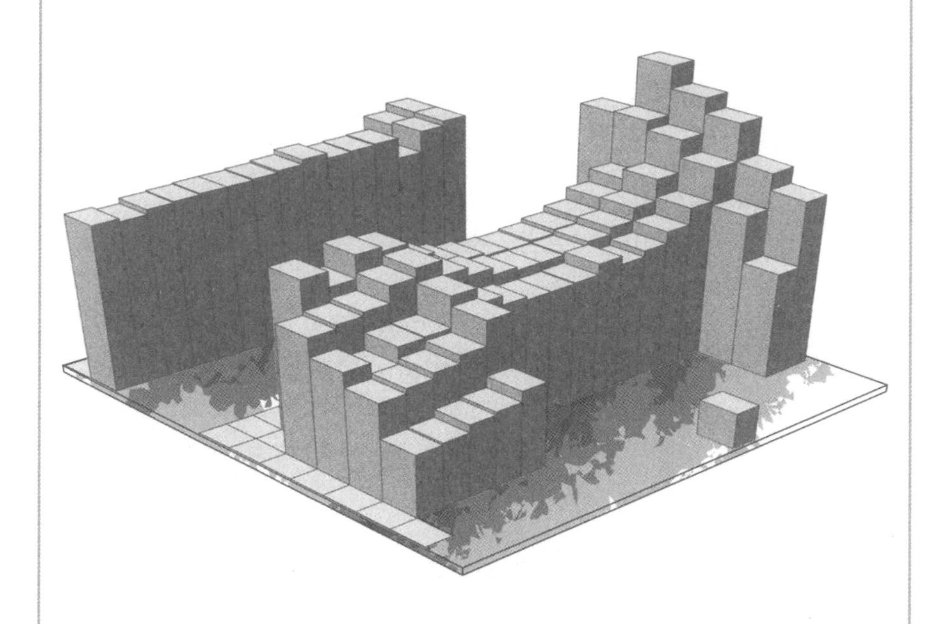

這幅王國地形圖是以原子直徑的大小為高度所繪的，
我們仍然是由東北方眺望王國地勢。
「原子直徑」的定義是：元素形成化合物時的鍵長。
由於貴重氣體並不會產生化學鍵，
所以看起它們的高度值為零。

我們也必須認識：複雜的地勢變化，並不能抹煞「地形高低的變化並非雜亂無章的」這個事實。只要您靜下心觀察，還是能發現，王國的景致其實呈現著坡度和緩的態勢。看吧，那兒是漸升的山谷、那兒是漸斜而下凹的台地……，映入您眼簾的，絕不是錯綜雜陳的峽谷、溪谷和山峰。

的確有一種潛伏的地質力量在作用著：這塊地區有，那塊地區也有，其他的地區都有。那是某種韻律！最後我們會得知，元素的週期排列方式絕對是錯不了的。

探索密度地貌

現在我們要結束對原子這些小圓石的考量，把觸角拉回真實世界中，去接觸日常生活就能碰觸到的王國各元素區域。

先考慮元素的密度（單位體積的質量）吧。在這裡，我們還是用等高線的繪圖方式來表現（請參見次頁圖），地勢的高度就代表密度值。一般來講，這個假想的地形是由西北岬角鋰逐漸往沙漠東南緣的鉛攀升的，上升的幅度並不一致，而且還有一個特殊的景象，就是山脈中最高的屋脊位於銥與鋨（Os）的地方。這兩個元素的密度是王國中最大的，約接近每立方公分 22 公克；即使是用途相當廣泛的重金屬鉛，密度也只有每立方公分 18 公克而已。若與遠西北邊的鎂相比，鎂的密度僅為每立方公分 3 公克，可見差異有多大。

稍早我們已經了解，週期王國各元素區域的質量是由西北向東南增加的，於西部沙漠的東半部尤其如此。然後，我們也看過（但還未解釋過）原子直徑的變化情形，雖然它們的確有改變，但幅度並不大，

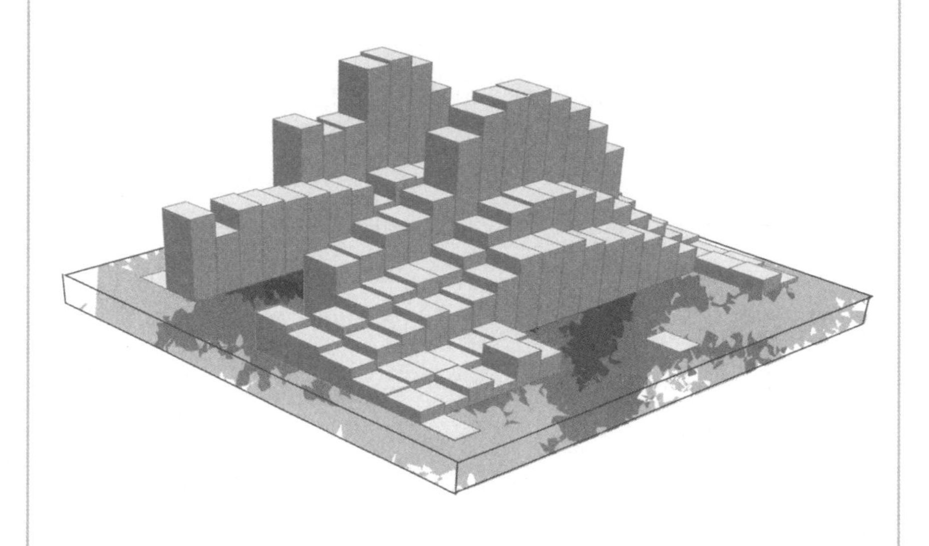

這幅王國地形圖是以元素密度的大小為高度
所繪出的。這裡所指的是固體密度，
如果元素原本的狀態是氣態，則為固化後的密度。
請注意，高密度區集中在南部鋨與鋨的附近。

而且也不像原子量那樣，從南往北明顯遞增。

我們現在已累積了足夠的王國自然地理知識，有能力進行最初步的解釋了。

首先我們要探討的實質性質，就是密度的差異。將巨大的質量塞進狹小的體積中，自然會導致很高的密度，因此我們推測：南海岸的元素與緊臨的內陸區域都會很緊密，這正如觀察到的情形。當然，想深入探討密度的變化，必須等我們明瞭直徑變化的原因之後才行。不過這無礙我們的推理，我們依循的仍是典型的科學驗證步驟：先提出觀點，再驗證我們的觀點是不是能闡釋實際的現象。

我們先把注意力集中在西部沙漠上，因為這片地區都是固體，都是由圓石狀的原子所組成，它們緊密堆積的形式也大致相同。雖然說每種元素堆疊的情況可能會與其他元素稍微有點不同，比方說，有些是每個原子都有 8 個原子鄰居，有些則是 12 個，不過這些堆積形式的差異還是相當小的。相較之下，東部矩形地帶的元素堆疊方式就更加各異其趣了，而且鄰居原子數通常比較少，排列架構也鬆散得多。因此，即使我們還是有可能找出東部矩形地帶中，元素的密度與原子直徑、質量之間的關聯，卻要比從西部沙漠著手困難得多了。

再次登陸探離子 》》》

在第二次登陸週期王國之前，我們得先換副眼鏡，轉換審視的方法。本來我們注意的是疆域內小圓石的質量和直徑，等一下就要變成探討小圓石可能會經歷的各種變化。

化學畢竟是一門研究物質變化的科學，所以不可避免的，我們也得檢視王國在這方面的狀況。不過在目前這個階段，我們只集中精神討論原子會產生的最初步改變，然後將這特性描繪成王國的地貌。我們將再次察覺到王國地底韻律的存在，而等到適當的時機，這種韻律將會幫助我們了解，無論多麼複雜的化學變化，其實都可以反應在王國各個元素區域的排列上。特別是，將會建立一種討論王國的觀點，使我們得以將「國王」碳的強大親和能力數量化，並體會到它對生命不可或缺的原因。

每回登陸週期王國，向王國進軍時，總能獲得新觀念。第一回登陸時，我們發覺王國地表的小圓石構造，因而引導出元素原子結構的概念。這一回，為了進一步洞察疆域下層的組織，我們得再導引出另一種概念：「離子」。

當原子得到或失去了電子，它就會帶電，而成為離子。電子是一種帶負電的基本粒子，原子大部分的化學性質都是因它而起的。若原子失去了電子，它會帶正電，減少一個、二個或三個電子時，就帶有一個、二個或三個單位的正電量；帶正電的離子叫做陽離子。若原子得到電子，那它會帶負電，增加一個電子就獲得一個單位的負電量，增加二個電子就獲得二個單位的負電量，依此類推；帶負電的離子就稱為陰離子。

這些名詞是由十九世紀的法拉第（Michael Faraday, 1791-1867）所創的，當時他證實了電流對離子溶液的效應。他發現將電極放入溶液中後，會有兩種不同類型的離子游向相反的方向：一種朝向正極，一種則朝向負極。離子（ion）及陰離子（anion）陽離子（cation）的英文命名是有其字源的：「ion」是希臘文中「移動」的意思，「cat」是源自希臘文中的「往下」，而「an」則意指「往上」。

游離能地貌

接下來，我們就要描繪另一種想像的王國地形圖，以表示各原子是否容易變成離子形式。由於化學現象與離子的形成（或是與最初的形成期）密切相關，因此這張圖會非常像是在描繪真正的化學性質。等一下我們就會看到國度中複雜而巧妙的規律，而且是可以合理解釋的規律，而不是雜亂無章的變化。

元素的原子要轉變成帶正電的離子（也就是陽離子）時，所需要的能量稱為元素的「游離能」。游離能可以用許多單位來表示，但為了我們表達上的方便，本書採用電子伏特（eV）來表示，因為這樣能直接看出游離能的大小，而且數值與 1 的差距不大。

1 電子伏特是指在 1 伏特（V）的電位差下，拉走一個電子時，所需要的能量。舉例來說，卡式錄音機或小型隨身聽等舊式電器中經常使用 1.5 伏特的電池，如果把一個電子由 1.5 伏特電池的一端移到另一端的電極，那會釋放出 1.5 電子伏特的能量；如果電子在 12 伏特的汽車蓄電池中移動，則會釋放出 12 電子伏特的能量。

氫原子的游離能為 13.6 電子伏特，這意義是什麼呢？我們可以把它想像成原子內部具有 13.6 伏特的電位，然後您把一個電子拉離原子，朝電位為零的地方射去。這種拉走第一個電子的游離能值通常並不大，大部分都落在 4 電子伏特（4 伏特電位差）和 15 電子伏特（15 伏特電位差）之間。再來，您如果想拉走第二個電子，所需的能量絕對比從一個電中性（即不帶電）的原子中拉走第一個電子時高；要移走第三個電子的能量，更是高得多。

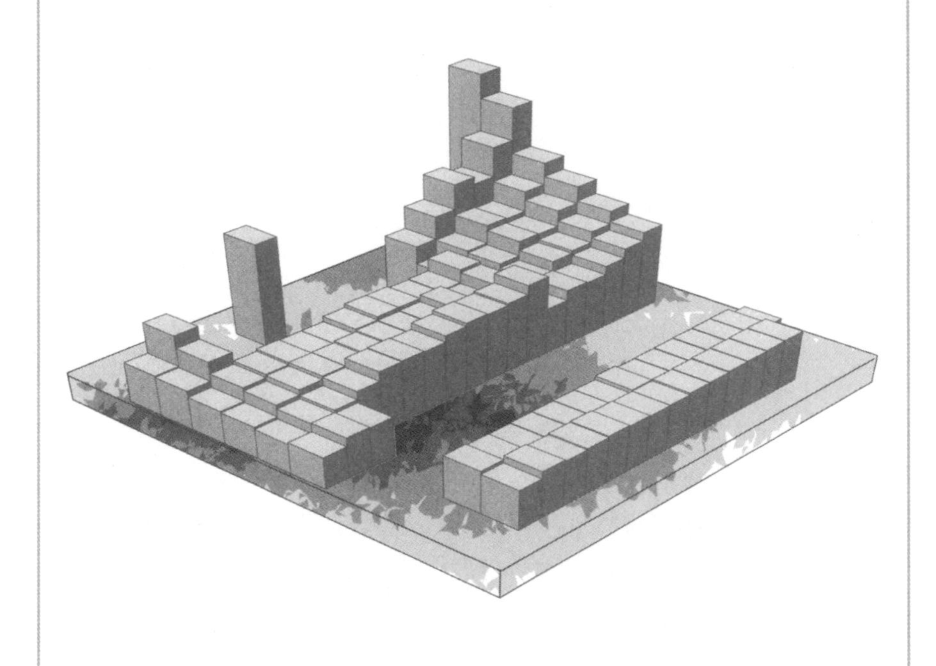

以元素的游離能高低為高度所繪的王國地形圖。
請注意，我們現在是由西南方眺望，
東北遠處三個最高峰是氦、氖及氟。

為了簡單起見，我們只考慮「第一游離能」，也就是由電中性原子中移去第一個電子所費的能量。

王國游離能地貌的最低點是 3.9 電子伏特的銫，最高點是 25 電子伏特的氦。從左頁的地形圖（這回改由西南方望去），我們很容易看出一個主要的趨勢，以及觀察到許多起伏、凹地與較奇特的地方。

游離能大致是由西往東增加，而由北往南遞減，這是王國地形的主要趨勢。例如位於西海濱的鹼金族，它們的游離能從 5.4 電子伏特的鋰，減低至 3.9 電子伏特的銫。我們曾經觀察過下雨時這片濱海地區的反應，北邊的鋰只會產生輕微的沸騰，而往南到達銫時，就會變成猛烈爆炸了。於是我們發現：化學反應活性與原子釋出電子的容易程度息息相關，也就是說，愈容易釋出電子的元素原子，化學反應活性愈強。

還有，這個傾向也與原子直徑的變化方向有關係，因為由鋰至銫，原子是逐漸增大的，所以想拿出電子就愈來愈簡單。

現在，您是不是感覺到，國境中潛藏的韻律已經開始浮現，不再令人覺得漫無章法？

沙漠金屬的電子海

游離能自西往東增加的趨勢並不是完全一致的，但就算只是隨意一眼望去，也會察覺出，東部矩形地帶的高度都比西部矩形地帶顯著高出許多。最錯綜的變化是發生在地峽中，這也可以從這些元素複雜的化學反應觀察出來，以後我們會再討論。不過即使是在地峽中，那種由西向東大致往上攀升的傾向，還是與元素的過渡特性相符合的。

西部沙漠的地勢低窪，並不會讓我們驚訝，因為大家都知道金屬有個特徵，就是非常容易傳導電流（所謂的電流是指穿越固體物質的電子流）。為了讓電流易於通過，原子至少要有部分的電子是可以自由流動的，也就是說，在固體中互相堆疊的原子，於釋放電子後形成了陽離子，接著這些電子會聚集成群，宛如陽離子中的一片汪洋。

在西部沙漠這片金屬的疆域中，應該假想成小圓石的，事實上不是原子，而是陽離子——是它們浸浴在廣闊的電子海中，並藉電子海聚集在一起。這群電子對外加的電場會有所反應。如果您使用固定電位差（也就是一般所說的電壓）源來產生電場，一如金屬與電池的電極連接時的情形，電子就會流動，造成電流。

如果外加的是一道入射光，由於光也是電磁輻射，是電場和磁場交互振盪時所產生的波動，一旦施加在金屬表面後，游離電子群就會形成與輻射波互相呼應的振盪，而發出反射光。這就是為什麼光線照射在金屬上時，我們會看到金屬表面有閃亮光澤的原因了。當金屬表面十分光滑時，入射光波的模樣便會被複製成反射光波的模樣，鏡像就發生了。而平滑的金屬表面之所以能映出我們的影像，則是由於我們身上反射出的光線射入金屬，使得具流動性的電子海掀起同樣漣漪的緣故。

因此就某個層面上來說，成為金屬的必要條件就是擁有可以自由活動的電子。隨著我們往東行，游離能逐漸升高；我們一直走到西部沙漠慢慢消失，由東部矩形地帶的非金屬取而代之——走到這裡，會發現游離能非常高了，所以很難拿走電子。

游離能愈往東愈大，部分理由是因為原子直徑逐漸減小了；基於某些原因，想從王國東部結構緊密的原子中移走電子，是相當困難的。現在我們又發現了另一個與原子大小相關的例子，而且我們再一次體會到，只要能了解原子直徑變化的原因，就等於解釋游離能為何會有差異了。

話說電子親和力 »»»

繼續向東邊前進時，原子的游離能愈來愈高，想失去電子也變得異常困難，因此已不太可能找到陽離子了。不過或許相反的，我們可以在這裡發現陰離子，也就是帶負電、具有多餘電子的離子。

比起陽離子，陰離子的形式是更複雜的過程，然而我們可藉由量測電子附加在原子上頭時，所發生的能量變化值，來評估這個反應的可行性。這種能量變化值稱為「電子親和力」，用電子伏特做為它的單位也很方便。如果原子的電子親和力為正值，那就表示它在獲得電子時是放出能量的；如果電子親和力為負值，則表示想外加電子會有阻力存在，必須供給它能量才能克服。像鹵素族的元素，電子親和力是正的；像鎂與氦等元素，電子親和力則是負的。

不過，若要加上第二個或第三個電子時，所有元素的電子親和力就都是負值了。想把電子附加於陰離子上是需要施與能量的，因為陰離子和電子同樣都帶負電，會產生排斥力。因此就像前面在討論游離能時一樣，我們只考慮元素的第一電子親和力，那意味著將一個電子附加在電中性原子上時，所產生的能量改變。

電子親和力的地形圖可要比我們以前看過的任何一種王國地貌，都不規則得多（我們沒把它繪出來）。在電子親和力是負值的地方，地勢深陷於海平面底下；若形成陰離子時是釋放出能量的，那電子親和力便是正值，當地的高度就會陡然上升。

然而整個地貌還是可以觀察出某種趨勢：雖然乍看之下深淵與山峰是雜然分布，但仔細觀察後，會發現深淵都是出現在靠近西海岸的地方，而山峰則都坐落在東北邊的氟附近。至於東海濱的貴重氣體族，它們的游離能是高聳參天的，電子親和力卻是負值，尤其是北部；所以鹵素區一帶的高山綿延往極東北角時，便又驟然陷入地底。不過無論如何，我們必須注意到，這地形圖的主要特色是山脈群集在東北邊，特別是氮、氧、氟和氯四個元素區域共同構成的東北隅。這四個元素最容易形成陰離子，它們對電子可說是求之若渴。

這與原子直徑也說得上有點關係：至少一般來說，在王國東北邊，尺寸小、結構緊密的原子都對應到較高的電子親和力值。所以，若想要詳細了解陰離子如何形成，並進一步認識電子是如何附加於原子上的，我們得先探討為何這個現象與原子大小大致相關，以及它的變化究竟代表哪些意義。

地貌之旅後記

這趟探訪疆土構造和區域自然地理的旅程，使我們體會到各區域的所在處與它們特定的性質有關；換句話說，王國的各自治區並不是隨意拼湊在一起的，而是按照地底潛伏的韻律排列起來的，呈現在地表上的就是它們的性質。

現在我們最好再返回高空中，整理一下方才眺望王國的各種觀點。

首先是原子量，這種性質與元素位置的關聯最為密切，由西北往東南遞增，其中僅有幾個小例外。接下來是關於原子直徑的情形，大致是往南增加，而由西向東減小。雖然原子直徑的變化程度比原子量小得多，但是卻複雜許多：在大的趨勢上，又疊著一些小小的高度落差、低凹處，及凸出的地方。另外更重要的一點是，南海岸及相鄰的內陸元素直徑較小，與由北往南增加的大趨勢不同。

接著是西部沙漠元素的密度，由西北往東南增大，最大的密度值出現在南海岸及其內陸，因為它們的直徑比預期的小。

最後則是能量，它或多或少反映了與原子直徑變動傾向的關係：金屬的游離能都很低，而最低點位在西南端的銫附近；至於最高處是位於東北角的元素，那些元素恐怕都是極不容易形成陽離子的。

另外一個能量特質——電子親和力，更是錯綜複雜，可能這個元素的值很大，下一個元素的值卻變得很小，甚至成為負值。但無論如何，它還是有個大趨勢，就是最高處都發生在遙遠的東北隅，因此這些元素雖然不易變成陽離子，我們推測它們應該極易形成陰離子。

第二部

歷史演進

Sc
Ti
Y
Zr
72
73
75
Hf
Ta
W
178.5
180.9
183.9
190.2
104
105
106
107
108
Rf
Db
Sg
261
268
271
270
277
59
60
61
62
63

有一天，門得列夫做了個夢

等醒來後立刻製成了週期王國的圖形

那幾乎就是它最後的樣子

第四章

英雄開疆拓土

許多化學家、物理學家以及工匠，都曾經對王國各區域的發現做出貢獻。有些人是在無心插柳的情況下碰到一個新元素，有些人則是推測某些元素應該存在，於是在有計畫的開發之下找到了元素。其中有些開拓過程像極了土地開墾，例如沿著王國大陸南海岸的情形，就是在充分認知下創造出的新陸地。

很多元素是在古代發現的，過程早已不可考了。是哪位智者最先分離出銅，並且開啟了文明先河的呢？又是誰首先辨識出鐵，鞏固了人類文明的進展，使文明更強而有力的向前邁進呢？這都已經不得而知了。我們所知的，僅有從十七世紀流傳下來的，德瑞克（Drake）、麥哲倫（Magellan）、卡伯特（Cabot），和庫克（Cook）等人的姓氏而已，更早開發舊有陸地的人名皆已軼失；即使部分區域仍留有名字，起源卻沒有人知道，只能留待後人繼續推測了。

到了最近，區域的名稱都是根據發現者命名的（只不過還須經由命名委員會通過才行），因此新元素名字的來源記載得較為完備。不過有時候還是會產生一些小爭吵，因為無法完全確定，是誰最先聲明找到王國海岸線的某部分，於是命名委員會就得出面協調，試圖平息這些區域性的衝突。

普遍來說，想發現新元素，必須依賴新技術的發展，而就如同開採鈦時得利用鐵一樣，新發現的元素都會次第形成最新技術的基礎。

領土的擴張

最先利用到的是火，火不是元素，但它可以迫使化合物分離。在剛開始時，這種現象是人類無法理解的，因為看起來好像是神奇的魔法。唯有把火運用於某些岩石上，我們才能獲得大量的鐵。如果我們小心控制火的強度，不讓某些東西燒得太焦，火本身也會使另一個元素——碳，給分離出來（就是木炭）。後來工匠發覺，木炭可以與更猛烈的火力聯合，再跟其他岩石反應，以釋放出新的金屬。錫、鉛，與在鐵附近的其他地峽區域，都是經由這種方式發現的，然後更新的領土擴展行動便開始了。

一名採礦者可能在無意間淘到金子，一個穴居人也可能不經意的拾起閃爍的石塊，或是剛硬的隕石，這些人都是碰巧找到新區域的。但是在週期王國中，大部分地區的發現都不是這麼輕鬆、不費吹灰之力；事實上，這些都是辛勞研究後的成果，是大家汲取新科技的力量，奮力朝人類知識新領域前進的結果。

有些新元素原本只出現於化合物中，但應用新技術卻可以將它們分離出來。有時候想證實某個新物質為元素是很困難的，還有可能會犯錯，幸好現代科技已經消除了這類方法中模糊不清的地方。現在的做法是採取一份試樣、將它分割為原子，再量取原子的重量，然後判斷是否所有原子都完全相同，也就是說，試樣是否全由單一元素所組成。很早以前，從定性數據上分析推論的結果就是最主要的依據了；人類能夠利用這種方式發現如此多的王國區域，不能不說是人類能力的非凡證明。

只有極少數元素是單獨存在的，最明顯的是金、銅和硫，還有存在地球大氣中的氣體元素。只不過，想要發覺包覆在地球外層的無形物質是元素、以及它們的一些化合物的混合體，其實是有點困難的，這得一直到王國發展史的非常後期，大夥才了解到這一點。

宇宙最豐沛的元素 »»»

最簡單的元素氫，在地球上幾乎沒有單獨存在的狀態，唯一的例外是在岩石的形成過程中，被捕捉而陷於地底下的純氫氣洞穴。然而無論如何，氫仍是宇宙中豐度最高、最為普遍的元素。氫的豐度之高，使得其餘元素（除了豐度也很高、但性質為惰性的氦氣之外）對於它而言，都可視為較少量、可是又很重要的不純物。

一直到二十世紀初，人們才確定宇宙各處充滿了氫氣。但是在這之前的哲學思潮可不是這麼認為的。1835 年，實證主義哲學家孔德（Auguste Comte, 1798-1857）對有關太陽與其他天體提出主張，他說：「我們有可能測出它們的形狀、距離、大小和運行的情形，但絕對無法得知它們的化學成分、礦物結構，更不用說是否有生命在它們表面生存了。」這就是哲學家坐在扶手搖椅上所做的推測。

但是由於天文學家發展出各式各樣的分光鏡，藉以檢測物質吸收或放出輻射線的特性，使得測定星體的組成的夢想，全都實現了。

最後一個「發現」的人 »»»

氧氣是在 1774 年發現的，那是利用了一種遙遠的原子核火焰——陽光，而發現的。普利斯特理（Joseph Priestley, 1733-1804）是十八世紀的英國化學家，也是一位才華洋溢的牧師，他使用透鏡，讓陽光聚焦射入裝有氧化汞的小藥瓶中，產生了生命賴以維生的氣體的氣泡。

與其說普利斯特理是第一個找到氧的人，不如說他是最後一個發現它的人，因為在他之前，已有其他人記載過氧氣的製備，卻沒人想到原來這是一種元素。其實瑞典化學家謝勒（Karl Scheele, 1742-1786）比普利斯特理早兩年發現氧，但因為延誤了發表的時間，使他喪失了應得的榮譽。

就像是探索新大陸一樣，通常最後一個「發現」的人會名留青史。

早在氫被認定是元素之前，有位性情古怪、厭惡女人的隱士化學家卡文迪西（Henry Cavendish, 1731-1810）就已經製備出氫了（劍橋大學的卡文迪西實驗室就是運用他的遺產而成立的）。1781 年，就在氧和氫都鑑別出來之後，卡文迪西很容易就證明了水並不是元素，因為當氫氣與氧氣混合點火後，會產生水，這顯示水應該是化合物。

「電解」革命

十九世紀初期，有一項非常獨特的科學技術誕生了，直到今天，還廣泛應用於各種商業用途，那就是電解。所謂的電解，是讓電流通過物質，而造成物質分解。鉛蓄電池與其他藉由化學反應產生電流的裝置發展出來後，我們自然會想知道，利用這種新穎的電學作用，可以導致什麼結果。大家都了解電流會帶來電擊，因此探討一下電流是否能將物質打散成不同的形式，不是十分理所當然的事嗎？

1807 年，於倫敦剛成立的英國皇家研究院（Royal Institution of Great Britain），也是全世界第一間專門的科學實驗室中，戴維（Sir Humphry Davy, 1778-1829）讓電流通過熔融的苛性鉀（potash，就是我們現在所知的氫氧化鉀）後，得到一顆顆銀色、具反應活性的金屬，他命名為鉀（potassium）。我們先前已介紹過鉀這種金屬，它位於週期王國的西海岸。

過了幾天，戴維很聰明的將同樣的技巧應用於類似的化合物——苛性鈉（soda，氫氧化鈉）上，結果獲得了鉀的北鄰，他命名為鈉（sodium）。

在那些年代，大家都相當謙虛；如果按照現今的模式，這兩種元素若不是以機構來命名，例如取名為 royalinstitutium 或 londonium，就是以戴維的姓名來命名，例如稱作 humphryium 或 davyium。（譯注：戴維是依照苛性鉀、苛性鈉的英文名稱來為鉀、鈉取名的。）

很快的，電解法就援用於所有的物質分析上。1808 年，戴維從鎂的化合物中分離出鎂，之後再找到鈣，然後又發現鋇。

受到這種重要技術的衝擊後，王國的歷史開始蓬勃發展起來，各種影響深遠的學術記載大量湧現，而王國領土也迅速擴張。經由歐洲眾多人士的貢獻，週期王國愈來愈形完整。探險家將東海邊的鹵素族繪在地圖上，引導人們認識了氯和溴；氯是在 1774 年由謝勒發現的，不過為它命名並確認它是元素的人又是誰呢？不用說，當然是戴維，他在 1810 年完成了這事；至於溴元素的發現者就不是戴維了，而是法國的巴勒得（Antoine-Jéeröme Balard, 1802-1876）於 1826 年發現的。

到了 1860 年代，大約已有六十個週期王國的區域已為人所知。只是，王國內反應活性山脈的巔峰——氟，在 1880 年代之前，一直不曾有探險家到達過。不過這座珠穆朗瑪峰最後也還是降伏在電解的威力下，1886 年由法國人摩依森（Henri Moissan, 1852-1907，因這項研究獲得 1906 年諾貝爾化學獎）將它納入王國版圖中。

門得列夫的遠見

將王國繪製成地圖很有好處，它能提示其他區域應該位於何處，指引出探險家計畫跋涉的方向。除此之外，由於王國的各個區域絕非雜然亂陳，而是有宗親關係的鄰邦排列在一起，因此藉著觀察鄰近區域的特性，就可以大略預估出未知區域的特性為何；或至少知道它的梗概，以便進一步獲知詳細特點。

對週期王國來說，相當重要的一位歷史人物就是俄國化學家門得列夫（Dmitri Mendeleev, 1834-1907）。他在1869年排置出週期王國現今的大致形式，展現這種方法對促進未來發現的力量。例如他曾發覺，在矽附近有個空白的地方，於是暫時定名為「擬矽」（*eka*-silicon, eka是梵文中數字1的意思），並且根據他對矽的認識，以及他認為在這個位置應有的特性，而預測出擬矽的性質。等到1886年，這個區域（也就是鍺，Ge, germanium）由德國化學家溫克勒（Clemens Winkler, 1838-1904）發現時，大家才了解，原來門得列夫的推測大體上是正確的。

同樣的情形也發生在所謂的「擬硼」（*eka*-boron）及「擬鋁」（*eka*-aluminium）身上。擬硼就是鈧元素，1876年就已為人所知，但直到1936年才分離出來；擬鋁則是鎵元素，於1875年給分離出來。另外還有居禮夫人（Marie Curie, 1867-1934），這位在危險的王國南海岸勇敢探測的女性，也是基於自己對鋇元素的知識，而推想出它的南鄰鐳元素應有的性質，於是在她丈夫居禮（Pierre Curie, 1859-1906）的協助下，從瀝青鈾礦中分離出鐳。

一度失去的世界

這種漸次累進的探索過程原是非常好的，但有時候也會導致錯誤，譬如在東部矩形地帶發生的失誤，就是最顯著的例子。

我們曾經在前面看過，王國西海岸有個陡峭的懸崖，那是因為鹼金族的反應活性極高，所以矗立在海面上。再往內陸走，則是稍微低矮一些的鹼土金族山脈。西部這些反應活性的山峰，在東部矩形地帶的東緣也如鏡像般的出現：具高反應活性的氧與硫在前面，然後是鹵素族所形成的高聳山脊。

一度大家以為，鹵素族之東，王國就陷入了汪洋大海中。這樣看起來似乎東方與西方很對稱，但那卻是假象；因為在鹵素斷崖的山麓，其實還有其他元素家族存在，就是原先稱為稀有氣體，後來改稱為鈍氣，最後正名為貴重氣體的東海岸區。

於是，在這裡出現了令大家非常吃驚的事件。1894 年，英國化學家拉姆西（Sir William Ramsay, 1852-1916，諾貝爾化學獎 1904 年得主）及物理學家瑞立（Lord Rayleigh, 1842-1919，諾貝爾物理獎 1904 年得主）注意到，從氮化合物分解得到的氮氣密度，與從大氣中分離出來的氮氣密度不同！（其實這個現象並不是突如其來的，早在 1785 年，卡文迪西就推測可能有一種不具反應性的氣體混雜在大氣的氮氣中，可是他的想法並沒有得到證實。）

瑞立認為兩者的密度之所以會有差異，是因為由氮化合物中分解出的氮氣含有未知的較輕物質；而拉姆西的意見剛好相反，他推想是大氣中的氮氣摻雜了較重的氣體。經過一段時間的嘗試，拉姆西發現，他可將大氣中的「氮氣」分離成真正的氮氣，以及另一種反應活性極低的氣體——他發現了氬（它的英文名稱 argon 是源於希臘字中的「懶惰」）。這是第一個出現的東部沿海低地區域。

就像我們先前強調的，氬絕非稀有的氣體，它在大氣中的豐度甚至比二氧化碳還多。氬的發現是完全出人意料的，因為從原有的王國版圖中根本察覺不出它的存在。等我們介紹到王國的微觀結構（各種原子構造的基本原理）時，才會了解氬的存在絕對是可預期的，它對王國潛伏的週期模式有著不可或缺的重要性。不過在 1894 年時，科學家還不清楚這個模式，因此貴重氣體的海岸線還是個隱密的「消失的世界」。

另外我得補充說明一點，正因為有這個微觀的模式在運作，使得王國西部的斷崖之外，不可能還有另一個對稱的低窪故土，所以年輕的探險家知道，無須再浪費時間來探測西岸是否還有低地，而較有經驗的也不會再花工夫去推敲了。雖然，王國周遭海洋中冒出亞特蘭提斯島（譯注：傳說中沉沒於大西洋的島嶼文明「大西國」）的機會很大，但絕不會是緊接在西海岸上；讀者繼續看下去自然就會明瞭了。

拉姆西一人之功

自從找到氬以後，大家才體會到這片東岸地區應該還有更多的區域，於是氖（Ne, neon）、氪（Kr, krypton），與氙（Xe, xenon）很快就接二連三被發現了，都是由拉姆西在 1898 年完成的（譯注：這三個元素的命名，分別源自有「嶄新」、「隱藏」及「奇異」之義的希臘字）。

至於氦，這個東海岸最北邊的據點，王國極東北方孤獨插入海中的岬角，倒是早已經讓人發現了，不過地點不是在地球上，而是在太陽上，這也正是它名稱的由來（譯注：氦的英文 helium 字頭 heli 有太陽的意思）。

氦的探索過程也是一段很有意思的歷史。首先，氦雖然占有宇宙物質 25% 的含量，但卻無影無形的，沒有讓人注意到。直到 1868 年，才有人在日食時，利用分光鏡觀測到氦；然後是 1895 年時，由於拉姆西研究加熱鈾礦後所生的不明氣體，才在實驗室中分離出氦氣。

最後，雖然氦是在太陽系中最熱的地方辨認出來的，可是實際的應用卻是在最低溫的科技上：在低溫高壓下，氦氣會冷凝成液態氦，這對低溫學（cryogenics）及低溫技術非常重要，而且直到目前為止，它都是進行低溫超導的唯一途徑。

到了二十世紀初，東海岸只剩一個區域還未發現。這部東海岸發現史的最後一章，還是得由固定勘察此區的拉姆西一人主筆。拉姆西在 1908 年分離出放射性氣體氡。當然，除了拉姆西之外，同行也有人做些獨立的探勘工作，只是結果十分爭議；拉姆西當然也有工作夥伴，他與一個化學家小組共同研究，但他的傑出貢獻卻沒人可以分攤。

王國領域開疆拓土的工作，僅有這整條貴重氣體地帶的開發，是幾乎可以歸功於單獨一個人的，其他地區的開拓者就有一大群了。

曼哈坦計畫

二十世紀中葉，王國內又湧現出另一股開闢疆域的風潮，這是真實世界的戰爭壓力促成的。

那是在 1940 年代、二次世界大戰開始之後，原本的宗旨是要製造原子彈的曼哈坦計畫，後來竟轉變成週期王國的大規模拓荒行動——隨著新元素的製成與確認，週期王國的南海岸大幅往外延伸。

一開始先發現的是總稱為錒系的元素，因而拓展出王國南方離島上的南邊狹地。前面曾說過，在曼哈坦計畫初期，南方島嶼已知的元素只到鈾為止。不過經過適當的反應之後，鈾這個元素有能力製造出新的元素。在本來稱做原子爐，現在稱為核反應爐的反應器中，鈾會形成錼（Np）和鈽（Pu），所以島上的南海岸就開始往東延長了。

由於南邊狹地的擴張，也使得北邊狹地的探測得以順利展開。

為了分離性質非常近似的錒系元素，曼哈坦計畫的科學家特別研發出許多技術，其中最實用的是層析法：讓混合物通過帶黏性的介質時，由於每一成分所需的時間都不同，藉此就可以將它們一一分離開來。把這些方法運用於北邊狹地上，同樣也對鑭系元素的分離，有莫大的助益。

到了現在，開疆闢土的工作仍藉由合成的辦法不斷進行下去；也就是說，科學家將較簡單的成分硬是組合在一起，以形成新的元素。運用的工具包括了：迴旋加速器、同步加速器及直線加速器，這些都是曼哈坦計畫的另一些成果。製作新原子的方法是在加速器裡，將原子用力投向另一個原子，如果碰撞成功的話，兩個原子會在短暫時間裡緊緊的黏合為一，形成新品種元素的原子。

利用這些儀器，科學家製造出位於王國南海岸、生命週期非常短促的一些元素，例如：鑪（Ru）、鉎（Db）、鐽（Sg）、鈹（Bh）、鏢（Hs）、鍍（Mt）、鐽（Ds）、錀（Rg）。（審注：這些新元素的元素符號與英文名稱幾經週折，終於定案，中文名稱也已確定。）

製造出這幾種瞬間即逝、而實際上毫無用處的原子，或許是只為了替王國建立新的海岸線，也或許只是要做出太陽系他處所沒有的物質。

期待核能時代的哥倫布

靠近王國這些南方前哨站的地方，可能還漂浮著一塊未曾發現的亞特蘭提斯大陸。目前的科學論點認為，雖然南海岸的區域消失得很快，但出了這片性質不穩定、潮來潮往的海灘之後，更外海或許有塊「安定之島」，那裡的元素完全是未知的，而且生命週期說不定比我們努力製備出來的還長。

不過幾乎可以肯定的是，即使發現了這個「消失的世界」島嶼，由於它依然帶有南海濱的致命特質——放射性，以致無法居住；而且也不會有什麼利用價值，因為這些新元素原子存在的時間實在太短促了，再長大概也不會超過數個月。

但是，僅僅是「大海中可能還有座島嶼」的念頭，就足以鼓舞核能時代的哥倫布，勇往直前，航向那裡；因為光是知識本身，就是無價之寶了。

40.1 52.0 54.9 55.8 58.9

37 38 39 41 42 43 44 45

Rb Sr Y Nb Tc Ru Rh

85.5 87.6 88.9 92.9 98.0 101.1 102.9

55 56 73 75 76 77

Ba Hf Ta W Re Os Ir

137.3 178.5 180.9 183.9 186.2 190.2 192.2

88 104 105 106 107 108 109

Rf Db Sg Bh Hs Mt

261 268 271 270 277 276

第五章

刻上封號

59 60 61 62 63

Pr Nd Pm Sm Eu

140.9 183.9 145 150.4 152.0

92 93 94 95

U Np Pu Am

王國的開疆拓土工作成為一門科學之後，區域的命名法則就開始逐漸系統化了。就像我們曾提過的，只要命名還算恰當，各個元素區域都是以發現者的姓氏為名的。（譯注：本章中會大量出現元素名稱的起源，我們會再標注元素的原文與發現者的姓氏原文拼法，供讀者參考。一般來說，金屬元素的命名方法是在字源的尾部加上「ium」，若原字尾是母音字母，則先去掉再加上ium；當然還是有其他的變化情況存在。）

命名通常都會有一些很符合常識的限制，像以米老鼠（micky mouse）之名命為mickymousium，就失之淺薄；以神（god）為字源命名為godium，又過於不敬；還有其他隱含低俗字眼的叫法，也絕對不會被科學團體認可。這些都得避免。

不過在這麼多元素名字當中，多少還是有些詼諧的叫法，或是未被注意到和無心的玩笑混雜在其中，例如鎵（gallium），是由發現者法國化學家理克迪博氏（Francois Lecoq de Boisbaydran, 1838-1912）命名的。據推測，這或許是源自「法國」一字的拉丁文，因為拉丁文的法國是Gallia，但更有可能是在形容他自己（*Gallus gallus* 是公雞的學名，理克迪博氏的姓氏lecoq即為公雞之意）。

從1到108

近年來，命名委員會的人在王國中的權威愈來愈高，他們很迫切期望能整頓所有的命名過程。這種期望是愈來愈熱切了，因為有很大部分的國家科學預算，都耗費在擴展王國南海岸的疆土上，而那裡又是唯一有空間容納新名字的地方。（當然，在王國其他地方，偶爾也會有些區域需要修改名稱。）

在這裡，我們要先回溯一下歷史。前幾年曾經有個命名的改革計畫，打算重新制定系統化的定名程序，使各個元素區域不再具有私人色彩。這樣一來，元素名稱就不再是發現者自我誇耀的手段，和通往不朽聲名的捷徑了。

在那些改革委員的桌底下，個人的榮耀、命名的史詩，都遭到無情的踐踏，而由平凡單調的形式所取代。他們打算把第一個元素氫稱為「元素 1」（unium，字首 un 是 1 的意思），第二個元素氦稱為「元素 2」（biium, bi 是 2 的意思），第十個元素氖稱為「元素 10」（decium, dec 代表 10），然後一直到第一百個元素鐨（Fm, fermium）是「元素 100」（unnilnillium, unnilnill 代表 100）——我不知道發現鐨的物理學家費米（Enrico Fermi, 1901-1954，諾貝爾物理獎 1938 年得主）會不會因此而哭泣？

這種代號命名法再無限制的往後延伸下去，最後會有「元素 107」（unnilseptium, unnilsep 代表 107）、「元素 108」（unnunniloctium, unnunniloct 代表 108）等等。未來有新元素發現時，也是依此類推。

這命名方式當然有它的用處，那是我剛剛含糊帶過的，現在就來補充。事實上，它真正的目的很值得我們謹記於心。

首先，委員會並無意以新的體系取代王國中原本舊有的名稱。這就好像說，我們不可能根據國際電話的國碼，而將美國改名為「國家 1」，英國改為「國家 4」吧。

其次，這些很有系統的區域名稱，可方便探險家稱呼那些還沒有名字的地方。例如，如果王國南方真有個亞特蘭提斯島，那麼未來的探險家就可以藉由這個稱呼，盡情描繪區域應有的性質，而不必辛苦推想，以後它可能會由亞蒙什麼的、或史某某來發現。一旦這些區域被征服者插上旗幟後，再另行確定名稱就是了，到時候命名的史詩仍然能取代平淡無奇的代號，發現者依然能獲得不朽的聲望。

來自上古的呼喚

比起前面談到的代號命名法，從遠古流傳下來的元素名稱更顯得天馬行空、有趣得多了。這些古老的稱呼，起源多半已不可考；不然也像是籠罩在歷史的迷霧中，模模糊糊、不易辨識，只能靠後人去推測（與歐洲許多城邦的崛起情形一樣不明朗）。

目前仍採用古老名稱的元素，包括硫（sulfur），那是由梵文中的 sulvere 而來；鐵（iron），由盎格魯撒克遜語的 iron 而來；金（gold），也是由盎格魯撒克遜語的 gold 而來；銀（silver），同樣來自盎格魯撒克遜語的 seolfor。另外還有銅（copper），人們已經利用它數千年了，但是它名字的起源卻是從拉丁文的 cuprum 來的，這代表塞浦路斯（地中海東部一島）那裡曾經開採出許多銅礦。

史前時代過去之後，有歷史記載的時代來臨，元素名稱的來源就清楚些了。我們曾經談過，戴維是以苛性鈉（soda）、苛性鉀（potash）分別為鈉（sodium）及鉀（potassium）命名的。

在鈉與鉀所坐落的西部矩形地帶再往東跨一步，也可以發現同樣的命名方式，譬如鈣（calcium），因為它出現在石灰（拉丁文為 calx）中；而鎂（magnesium）則是從一種白色的土塊——苦土（magnes carneus）裡開採出來的，苦土出產於古代帖撒羅尼迦（Thessaly）一個叫做美格尼西雅（Magnesia）的地方。

東部矩形地帶也有相同的例子。氮（nitrogen）的名字由希臘語

nitron 和 genos 組成，意思是指「硝石（niter）的產物」，這等於是認定氮是由硝酸鹽（nitrate）製造而來的。至於氮的東鄰氧（oxygen）是從希臘語的 oxys 而來，意指酸性的。這命名其實是個誤會，因為在 1777 年，拉瓦謝（Antoine Lavoisier, 1743-1794）為它取名時，當時普遍認為氧是酸的必備要素。這個觀點很快就給推翻了，像鹽酸是氫和氯的化合物，沒有氧存在，就是個反證的例子。

不過，元素的名稱就好像元素自己的孩子一樣，既已出生，即使有錯，旁人也無法將它們分開。

因顏色、氣味得名

有些元素是因為自身的顏色而得名的，這有兩個明顯例子：一是氯（chlorine），它是淡黃綠色的氣體，名字的來源是希臘語的 chloros，意指黃綠色；另一個是碘（iodine），它是紫色的固體，取自希臘語的 ioeides，紫色之意。

還有些時候，元素的名字雖然不是直接由外觀的顏色而來，但還是與顏色有關，譬如，銣（rubidium）的名稱源自拉丁文的 rubidus，那是深紅色或酡紅色之意。可是銣並不是紅色的元素，而是西部沙漠中典型的金屬灰色；不過當銣的化合物燃燒起來時，倒是會呈現紅光。同樣的，銫（caesium）的火焰是天藍色的，拉丁文裡就是 caesius，因此成為它名字的來源。還有鉈（thallium），是從希臘文中 thallos（嫩綠色）演變來的，之所以會這樣稱呼，是因為它的化石物會發出嫩綠色的火焰。

其他一些更具特色的區域也能看出名稱的根源，像是地狹中的釩（vanadium），它所形成的化合物色彩繽紛，可以排成一道彩虹，因此用北歐的斯堪地那維亞的美神名字，做為這個典雅元素的字源。多采多姿的鉻（chromium）由希臘文中的 chroma 一字而來，意為顏色，這同樣反映出，它的化合物色彩多變而且鮮豔。另外，命名理由相同的還有銥（iridium），取自希臘與拉丁文的 iris，意為彩虹；以及銠（Rh, rhodium），來自希臘文的 rhodon，意為玫瑰。

根據不同的感官，就會產生不同的名字。鼻子是化學探險家永遠隨侍一旁的同伴，所以憑藉嗅覺來為元素取名，也是理所當然的事情。很少有元素的味道是香的，如果鼻子發揮作用時，通常會叫人不自覺的皺起眉頭。例如溴（bromine），是東部矩形地帶中會冒出刺激性煙霧的湖泊，它的名字源自希臘字 bromos，是惡臭之意。往西進入地峽後，有個鋨（Os, osmium），那是另一個有臭味的元素，而字源 osme 正是希臘文中的「臭味」。

以大地之名

週期王國裡還有許多元素區域是以地點來命名的，這些地點都是與它們有密切關係的出土地。鍶（strontium）便是其中一個例子，它的名稱是從蘇格蘭的地名 Strontian 來的。

相同的情況還有很多。從較大的地方開始說起吧，地球上的洲名被王國區域借用的有：歐洲（Europe），變成了銪（Eu, europium）；美洲（America），大概是北美洲，形成了鋂（Am, americium）的字源。不過，倒是還沒有以亞洲、非洲或澳洲為名的，日後恐怕也不會用北極圈或南極洲來取名吧。

其次是國家或地區的層次。許多國家或地區的名稱經過改頭換面後，已經隱藏在王國的區域名字裡面，這倒是可以成為冬夜在爐邊取暖時，相當不錯的字謎遊戲。例如鈧（scandium）來自斯堪地那維亞（Scandinavia），鍅（francium）來自法國（France），鍺（germanium）來自德國（German）。

但這些都算是較容易猜的，比較難猜的有錸（Re, rhenium），是由萊茵（Rhine）的拉丁文 Rhenus 而來；釕（Ru, ruthenium），它的發現地是俄羅斯（拉丁文為 Ruthenia）的烏拉爾（Urals）。

至於州名與城市名，在王國國境中也俯拾即是。例如鉲（Cf, californium）和鉳（Bk, berkelium），都是用來感謝加州大學柏克萊分校（University of California at Berkeley）對拓展王國所做的傑出貢獻。

我在前面提過，取名時經常會繞個彎，而不直接稱呼，所以有時候身為元素字源的城市，只是偷偷出現。比如位於地狹西邊的鉿（Hf, hafnium），不難察覺它是從哥本哈根（Copenhagen）來的，因為哥本哈根的拉丁文是 Hafnia。從這裡出發，鑭系元素之一的鈥（Ho, holmium）就更好猜了，它是由斯德哥爾摩（Stockholm）的拉丁文 Holmia 而取名的。鎦（Lu, lutetium）的名稱底下隱藏著巴黎，因為巴黎的古名是 Lutetia，意為「光明之都」。

不過王國中援用得最廣泛的地點，還是非「伊特必」（Ytterby）莫屬，這是一個瑞典的小鎮，位於斯德哥爾摩市區外。現實世界的採礦者在此地發現數量繁多的王國區域，所以伊特必有多次出現在元素名稱裡，但不是被加長，就是給刪短，否則也會遭到任意組合一番，不過這也等於肯定了這裡是個蘊藏豐富礦產的寶山。例如釔（Y, yttrium）、鑭系元素中的鐿（Yb, ytterbium）、鋱（Tb, terbium）及鉺（Er, erbium）都是。雖然這幾種元素並沒有對全球經濟做出偉大貢獻，然而對於真實地球上的這個多產地域（伊特必）來說，這些元素名稱卻是最佳的紀念品。

名留王國青史的人

接下來要介紹得以名留週期王國青史的人。

我們已說過理克迪博氏為鎵取名時的小玩笑。但大部分的人都不敢擅自把自己的姓名用在元素上，因此其他那些個人名字能鑲進元素名稱裡的，全都是經由委員會審核通過、授與個人榮耀，才得以成為元素名稱的。

在王國南海岸線，包括南方島嶼的南邊狹地在內，只要人類存在一天，就應該永遠記得以下這些人的非凡貢獻：愛因斯坦（Einstein），元素鑀（Es, einsteinium）以他為名；費米（Fermi），元素鐨（fermium）以他為名；門得列夫（Mendeleev），元素鍆（Md, mendelevium）以他為名；諾貝爾（Alfrad Nobel, 1833-1896），元素鍩（No, nobelium）以他為名，雖然這個元素不是他發現的，卻是在他的激勵下才完成的；以及勞倫斯（Ernest Lawrence, 1901-1958，諾貝爾物理獎 1939 年得主），鐒（Lr, lawrencium）以他為名，因為這位柏克萊的科學家發明了原子撞擊機，現在還普遍運用在開拓王國疆域上。

近代的人名已經用來為王國大陸南海岸的區域命名了，這裡的原子都是一眨眼就消失不見的，可是卻使幾位科學家留下了永存的名聲（參見次頁圖）。這些由國際命名委員會訂定的名稱，始終都是一些麻煩的根源，而且絕對無法使所有的人都心服口服；在某些情況下，甚至違反了發現者本身的意願。

104	105	106	107	108	109	110	111
鑪	釷	饎	鈹	䥑	鋑	鐽	錀

在王國的這個部分，該如何命名曾引起一些爭議。現在已經確定，104為鑪（Rf），紀念1908年諾貝爾化學獎得主拉塞福（又譯為盧瑟福）；105為釷（Db），由蘇聯杜布納核研究所而來；106為饎（Sg），紀念1951年諾貝爾化學獎得主喜博格；107為鈹（Bh），紀念1922年諾貝爾物理獎得主波耳；108為䥑（Hs），紀念1944年諾貝爾化學獎得主黑恩，109是鋑，紀念女性科學家麥特納；110為鐽（DS, darmstadtium），紀念發現這個元素的重離子研究所在地德國達姆施塔特（Darmstadt）；111為錀（Rg, roentgenium），紀念發現X射線的侖琴（Wilhe Conrad Roentgen, 1845-1923）。

目前已經確定的區域名字是鑪（Rf, rutherfordium），紀念 1908 年諾貝爾化學獎得主拉塞福（又譯為「盧瑟福」，Ernest Rutherford, 1871-1937）；鉗（Db, dubnium），由杜布納（Dubna）核研究所而來，這是蘇聯因擴展化學元素王國有功而得到的封地；鐃（Sg, seaborgium），在紀念 1951 年諾貝爾化學獎得主喜博格（Glenn T. Seaborg, 1912-1999）；鈹（Bh, bohrium），在紀念 1922 年諾貝爾物理獎得主波耳（Niels Bohr, 1885-1962）；以及鏍（Hs, hahnium），在紀念 1944 年諾貝爾化學獎得主黑恩（Otto Hahn, 1879-1968）。（審注：此段所談的新元素是原子序 104 以後的，其確定命名已由國際化學聯盟公布，中文命名也經中國化學會及國立編譯館定案。）

大家可能有個疑問：有沒有元素是用來紀念女性的呢？

答案是肯定的，在南方島嶼的南邊狹地上有個鋦（Cm, curium），是以居禮夫人（Marie Curie）為名的；而位於南海岸鏍東側的䥑（meitnerium），也是在紀念女性科學家麥特納（Lise Meitner, 1878-1968），她是黑恩的工作夥伴。

天神也來參一腳

天上的眾神也和凡人一樣，出借了祂們的名字。

希臘神話中，大地女神蓋婭（Gaia）之子、具有非凡力量的巨人泰坦（titan），成為鈦（titanium）的起源；鑭系元素中的鉕（Pm, promethium），使人回憶起火神普羅米修士（Prometheus）。飛毛腿麥丘里（Mercury）的名字，給了同樣流動得飛快的水銀，也就是汞（mercury）。

惡魔也出現在週期王國中，像鎳（nickel）與鈷（cobalt）都是從德文中「鬼怪」的字來的，分別是 Nickel 和 Kobold，因為它們會對銅礦的精鍊過程造成妨礙。鑭系元素鏑（Dy, dysprosium）最重要的特色，似乎就是它非常不容易分離出來，因此用希臘文「難以取得」之意的字 dysprositos 來命名。有些元素的名稱其實是以訛傳訛的錯誤叫法，除了我們提過的氧，還有重金屬鉬（molybdenum），它是從希臘字 molybdos 而來，其實原意為鉛；銀色的鉑（platinum）則源自 platina，是西班牙語對「銀」的暱稱。這些都是誤稱的例子。

不僅天神，連宇宙的星體也獻出名字給元素使用。

硒（selenium）由於有著銀色的外表，便給冠以月亮（希臘文是 selene）的名稱。1801 年，有人觀測到小行星穀神星（Ceres），兩年後發現的鑭系元素鈰（Ce, cerium）便以它為名。還有在 1803 年，鈀（Pd, palladium）幾乎是與小行星智慧女神星（Pallas）同時為人所知的。

南方島嶼的南邊狹地，由於是在二次大戰時因戰略理由而研發出來，因此鈽（plutonium）、錼（neptunium）及釷（Th, thorium）都用好鬥成性的天神來命名，分別是冥府之神 Pluto（冥王星）、海神及地震之神 Neptune（海王星），和挪威的雷神 Thor。

有點奇怪的是，王國中竟然沒有引用過火神（Mars，火星）或羅馬愛神維納斯（Venus，金星）的名字。

如果有那麼一天，在承平時期，隱沒的亞特蘭提斯大陸由王國南方的遠洋中升起時，也許一些樂觀開朗的神祇就會出現在這裡。到時候，我們就會看到以希臘愛與美的女神 Aphrodite 為名的 aphroditium、或源自維納斯的 venusium 了；甚至不是希臘羅馬神話的其他各國民間神話主角，也可以躍入週期王國中，永永遠遠流傳下去。

第六章

元素創生簡史

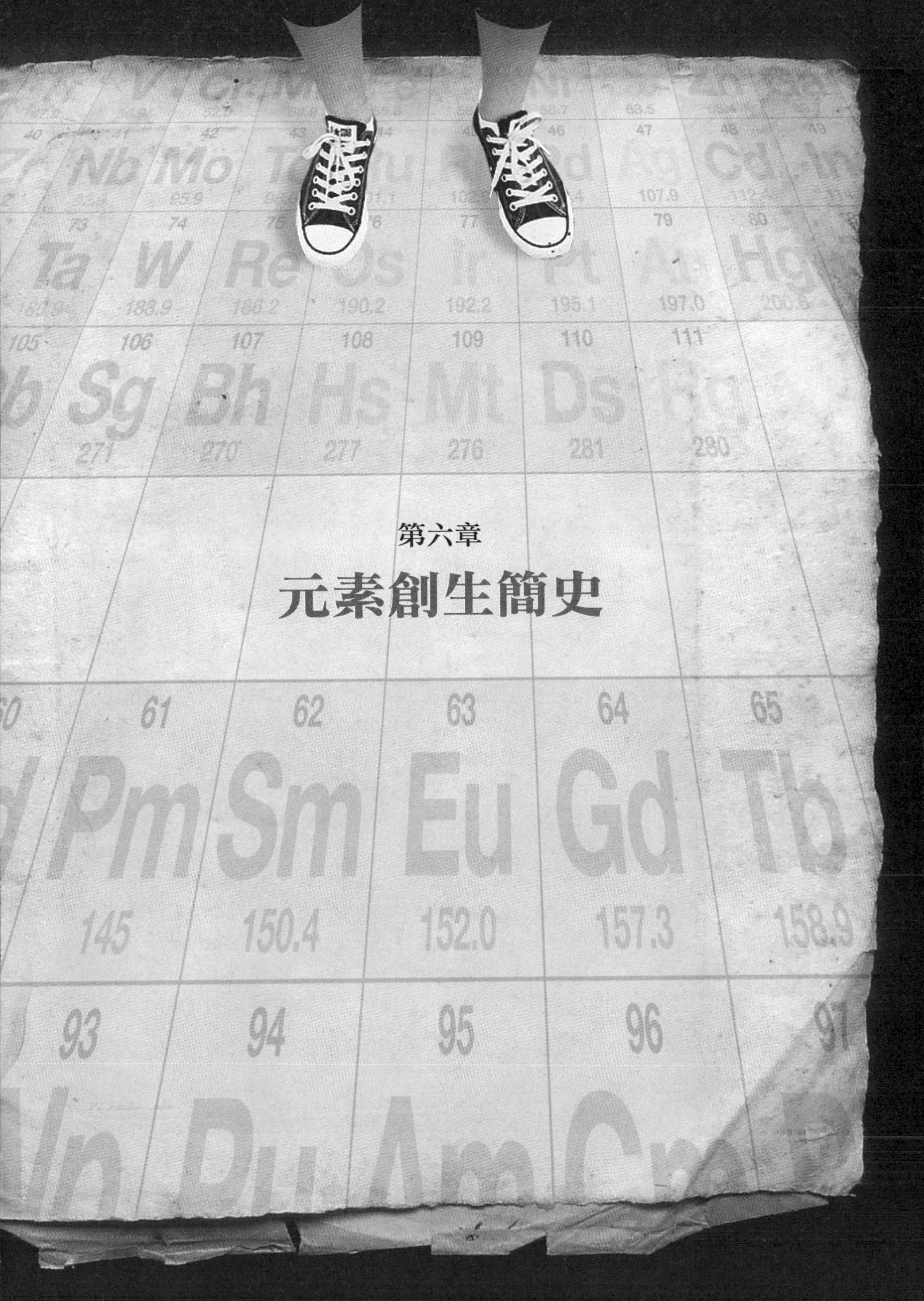

Nb Mo
Ta W Re Os Ir Pt Hg
183.9 186.2 190.2 192.2 195.1 197.0 200.6
106 107 108 109 110 111
Sg Bh Hs Mt Ds
271 270 277 276 281 280
61 62 63 64 65
Pm Sm Eu Gd Tb
145 150.4 152.0 157.3 158.9
93 94 95 96 97

王國內的各個元素區域並不是一直都在那裡的，它們各有自己的形成時期。

在週期王國這個幻想的空間中，我們可以這樣想像：元素一一從天而降，然後填滿了整塊疆土。

最先是在大約一百五十億年前，某些元素於一眨眼間傾盆而下，下落的速度就和我們真實宇宙創生的速度一樣快。那時正是所謂的「大霹靂」（big bang）暴發的時候，一場撼搖時空的劇變，開啟了宇宙的紀元；王國的北方離島氫，也就在這時間撥開空無一物的汪洋，浮現在想像中的國度。

氫，這個最先成形的元素，在大霹靂之後成為王國小小的根據地，成為王國所有包羅萬象的事物的泉源。

不過，幾乎當氫島嶼現身海平面的同時，王國的東北岬角氦也出現了。因為在宇宙創生的最初三分鐘內，氫原子迅速互相撞擊，造成混亂而強烈的太古風暴，然後融合成氦，使得王國大陸有了第一個區域浮出水面。如果我們以這兩個元素的宇宙豐度為觀點，觀察王國領土當時的地貌時，會發現氫形成了一道高聳參天的直柱，而東北岬角氦也是一道堅實的直柱，高度是氫的四分之一。

然後王國就靜止了下來，只有這兩道孤獨的柱子靜靜聳立在那裡，預示著遙遠未來的熱鬧景象。時間一分鐘一分鐘的流逝，接著數年、數千年，然後是數百萬年都過去了，王國境內仍然沒有任何改變，將來的霸業在這時看來，似乎遙不可及。

太古風雲之後

宇宙中終於有其他事情發生了。雖然一直以來，物質組成都維持不變，但現在竟然有物體開始成形了；即使那是非常簡陋原始而不可捉摸的，還是造成了影響，並留下清楚的痕跡、記憶和代代的承繼。

究竟發生了什麼事呢？原來，兩種最初元素形成的巨大塵雲擴散到四面八方的空間裡，它們並不是均勻的，因此原子間微弱的重力緩慢的促使高密度區產生，也使其他地方逐漸空了出來，宇宙變得風起雲湧。最後完整的結構開始顯現，而這太古風雲的最終後代（或者說，至少到目前為止是最終的），就是你和我。

等這初期構造逐漸成形後，物體與虛無空間的差別也愈來愈顯著了。甚至連波湧的風雲都不是均勻的，在高密度的塵雲中，有著更高密度的小部分。到時候這些小部分會變成恆星，包含著它們的較大區域就是日後的星系，現在仍懸掛在天空上。

這些事情發生時，也激起了洶湧的波濤，然而王國的北方離島與東北岬角還是獨自矗立著，它們仍然是廣闊無垠的宇宙中，僅有的兩個元素。

恆星誕生之後，各式各樣的物質發明可說是一日千里，就好像二十世紀地球上科技的進展和能源利用一樣，從此開啟了嶄新的契機。很快的，我們想像中的王國海面就逐漸有陸地升起了，這些都是王國的新區域：從最西北邊的北海濱地區，西起鋰、鈹（Be），然後橫跨至東部矩形地帶的北邊元素，形成狹長的陸地。

至少現在，也可能直到永遠，北方的兩個尖柱都不再孤單了。

這些新陸塊將會是其他絕大多數元素的起源，而它們本身是因恆星內的混亂反應而形成的。在恆星成形時，裡面的氫又開始有機會互相撞擊，所以重新恢復生氣，這是十億年前發生的事了。

氫和氫撞在一起後，就替王國多增加了一點氦。於是北方島嶼變得矮了些，而東北岬角稍微長高了一些，不過這些變化幾乎看不出來。氫的消滅與氦對應的升高，直到目前還在進行著，而且會持續到恆星熄滅為止。因為恆星發出光亮的動力，就是氫轉變成氦的過程（稱為核融合）所釋放的能量；包括我們的太陽在內，也是如此。另外，核融合進行時也會產生其他元素：氫與氦撞擊在一起後，鋰區域就躍出海面了；鋰再與氫碰撞，或是氦和氦撞擊，都可以促使鈹出現。

進入原子內部 »»»

雖然恆星內部有這些反應存在，但其實沒有太多氫和氦轉變成其他元素；不過畢竟還是產生了其他種類的物質，儘管量少，卻對我們的生存不可或缺。

每種新生元素在宇宙中的豐度各自有別。我們如果要從宇宙豐度的觀點，觀察王國新生區域的地形，就得從高聳的氫與氦那裡躍下，才能看出其餘低平地區的微小起伏。

由氫的高度往下看，王國大陸的地勢幾乎是平坦的。你可看到：從北部開始微微的傾斜，在鐵附近稍微上升，然後又下降，直到還不太完整的南海岸地區。然而當我們降落到鋰地區，慢慢往東前進時，會發現地面根本不平坦。事實上，這裡的起伏變化是相當明顯的，鋰、鈹和硼是較低的部分，碳、氮及氧則是豐度僅次於氫與氦的元素，因此形成了高原；南邊的鐵則是個較低的山峰。

為什麼會有這些起伏不平的地方呢？為了理解這種地形的成因，我們必須對原子的內在構造有點基本的認識。在第三章裡，我們把原子當成王國疆土上的小圓石，但它可不像真正的石頭是堅硬實心的，小圓石其實有很特殊的內部結構（請參見次頁圖）。

假如你真的在王國中撿起一顆小圓石，不論是在哪個區域，你都會對它的重量大感驚訝，而且會很訝異的發現它幾乎是空心的。事實上，由外表看起來，原子可以說是什麼都沒有。只有像超人般銳利的眼睛，才能穿透薄霧般的原子外層，捕捉到中心的那個小點。那小點雖然不起眼，卻幾乎集中了全部的原子質量。

那個沉重但微小的中心點就是原子的原子核，對我們來說，原子核是由兩種基本粒子——質子及中子所構成的，它們緊密的聚集在一起（唯一的例外是氫，因為它僅有一顆單獨的質子）。當我們討論恆星內部原子互相撞擊時，真正碰撞的其實是這些小小的原子核。而所謂的核融合，其實是指不同原子的質子和中子相互聚結，因此產生一個更複雜、更重的原子核，也就是一種新元素。這正是王國的形成過程被稱為「核合成」的原因。

幸好有了共振

處於炙熱而騷亂的恆星內，原子核的穩定性成了最重要的決定因素，因為原子核如果太脆弱，很可能耐不住下一次的碰撞就四分五裂了，而碰撞是每十億分之一秒發生一次的。能保留下來的原子核，它們的質子和中子是藉由一種特殊的力緊緊結合的，這種力稱為「強作用

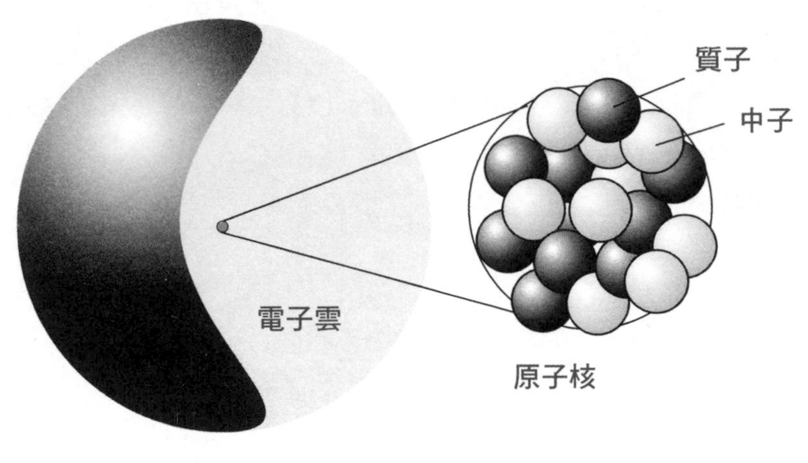

這是原子的內部構造圖。原子是由電子雲團繞著微小的中心核所組成的。原子核的直徑只有原子的十萬分之一，因此實際上要比這圖所顯示的小得多了。我們可以這樣比擬：原子核與原子的尺度比例，大約相當於一隻蒼蠅與一座足球場。

力」。雖然這名稱很平常，不過倒是滿符合實情的，它使得粒子可以互相吸引。

但在原子核內部，卻有某種力量是與強作用力抗衡的。那是一種相同電性粒子之間的排斥力；之所以出現這種排斥力，是由於帶正電的質子被強制緊壓在原子核內。所以如果一個原子核能夠存在，它一定得具有足夠的中子，因為中子是電中性的，不僅可以提供更大的強作用力來源，而且又不會使排斥力變得過大，以致將原子核繃裂。

另外得特別注意的是，唯有原子核擁有足夠的質子數及中子數，互相緊密的接合在一起，它才可能在混亂的恆星內部存留下來。

可是事實上，似乎任何種類的原子核都能在恆星內倖存，這是頗令人驚訝的。有四個質子、五個中子的鈹，以及有五個質子、五個或六個中子的硼，都很順利的留存下來。不過它們在宇宙中的豐度都極少，因為大部分在一生成時就又震散了。目前存在的鋰、鈹和硼，絕大多數只是較大原子核碎裂後剩餘的碎片而已。

我們也應該知道，鈹與硼之所以能繼續存在，是因為它們在原子核合成的過程中，扮演著踏腳石的角色：經由它們，「平凡之王」碳才得以形成，然後王國才有機會變得賞心悅目。事實上，碳的原子核還有一特殊之處，使它能快速生成。這種特性的專有名辭是「共振」；你若把兩個能發出相同頻率的東西擺放在一起，很容易就會發現強烈共鳴的現象，這就是共振了。至於碳原子核合成過程的共振，那會發生在原子核與一個具有適當能量的質子之間。

如果沒有了共振，如今的宇宙就不可能含有那麼豐沛的碳了，碳也不可能成為宇宙中豐度排名第三位的元素。如果沒有了共振，也不會有生命存在了；因為在碳產生後，合成其他元素原子核的大門才算開啟，從東部矩形地帶的北海岸、往南的下一排區域，以致於地峽之中、鐵之前的土地，都逐一出現了。

不過當我們在這些疆土上漫步時，會注意到雖然地形大致是朝鐵元素這個小丘陵的方向逐漸上升的，但其間卻充斥很有規律的高低起伏交替情形。現在，我們又發現王國中的另一種性質與位置相對應的關係了，那就是：間隔的兩元素區域會比從中間插入的元素區域來得高，這意味著相隔的元素豐度要比位於其間的多。

這說法可能不太好懂，我們舉個例子說明：請沿著東部矩形地帶的北海岸走，碳、氧和氖很像是凸出的雞冠，而氮及氟就像飼料槽，地勢較低。王國的高度這時是往南向海邊傾斜的，而這個起伏交錯的模樣幾乎出現在整個國境中，只有少數幾個地方例外。在南方島嶼上也是如此，與其說那裡是平順下降的坡面，不如說更像是把鋸子。如果真能找到亞特蘭提斯島，情況大概也是這樣吧。

兩個疑問 »»»

我們必須深入探討原子核內的構造，也就是質子與中子互相堆積的方式，才有辦法解釋，王國的宇宙豐度地貌為什麼會呈現波紋狀。

假如質子數是雙數，中子數也是，那可以形成特別穩定的堆積模式，例如碳擁有六個質子、六個中子，氧擁有八個質子、八個中子，氖擁有十個質子、十個中子。因此這些元素的原子核比起它們的中間鄰居來說，最起碼會擁有較高的穩定度，在宇宙中的豐度自然較多。

不過照我們目前的描述，會產生兩個問題：第一個問題是：鐵是強作用力所能構成的最穩定結構；鐵後面的元素，原子核愈來愈大，它們和小原子核是不同的，質子與中子已經無法再互相緊密作用了，於是穩定度會慢慢減弱。如果恆星只是很單純的燃燒殆盡的話，那麼留下來的灰燼會全部是鐵，王國也不可能擴展到第一排地峽以後的地區去。所以，單就我們先前所說明的核合成方式，鐵將成為元素大道的盡頭；假使歷史沒有發生一點變化的話，王國的疆土「鐵定」會比目前的一半還小。

第二個問題是，這一半的王國疆土如果都束縛在恆星內部，宇宙中的生命就無法得到它們所需的元素了。所以，國度內的區域必須存在於星球之外，這樣無機物質才有辦法轉變成有機物質，進而演化為生命。

恆星內部的奧祕 》》》

核合成所導致的必然結果，解決了這兩個擾人的問題。現在就讓我們討論得更深入一點吧。

一個剛成形的恆星，在它生命週期開始的第一階段時，溫度會升高到一千萬度（10^7K，指凱氏溫度）左右，這時是燃燒氫氣的時期，氫的原子核會聚變成氦。像我們的太陽，即使已經是一顆中年的恆星，每秒還是會有六千億公斤的氫參與這個反應。

等到氫大約消耗掉十分之一時，恆星會發生進一步的收縮，使恆星核心的溫度上升至一億度以上。同時，能量高漲的內部會把星體外部往外推，使恆星變得膨脹，這階段的恆星就稱為紅巨星。這時在炙熱、高密度的核心中，氦開始燃燒，原子核融合成鈹、碳及氧。一直到核內的氦氣消耗殆盡，而且碳和氧所占的比例也差不多相同時（值得注意的是，這兩種元素在宇宙中的豐度僅次於氫和氦），這個階段才算結束。到這時候，建構生命的基本物質已經出現了。

在燃燒氦的時期末尾，恆星內部的核心再度收縮，使溫度又隨之升高。若是夠重的恆星（質量至少是太陽的四倍），溫度可以高到十億度（10^9K），然後碳與氧的燃燒就開始了。這些過程中會產生比較重的元素，包括鈉、鎂、矽與硫。至此，構成地球山海景致的材料已經成形了。

等到恆星核心的碳與氧燒盡，矽的量會相當多，於是轉換成燃燒矽的階段，並生成硫、氬以及其他更重的元素。如果收縮能使恆星的核心溫度提高到三十億度以上，那麼就開始了恆星生命週期中所謂的「平衡階段」，鄰近鐵的元素就在此時形成。鐵是所有原子核中最穩定的一種，就像我們提過的，一旦恆星燃燒到了盡頭，它會變成一顆大鐵球。

這時，由於核心進行的核融合反應產生了強大的中子流，使恆星外部的原子核受到劇烈的衝擊。在碰撞中，原子核會捕捉住中子，同一個原子核內還有可能聚集了好幾個中子。等中子累積到某個階段後，原子核會變得極不穩定，所以吐出一個電子來，事實上，這就代表有一個中子衰變成質子，然後一種較重的新元素就誕生了。因此王國得以逐漸擴展，不僅越過鐵，還到達鈾，甚至更遠的地方。

這便是第一個問題的解答。

恆星走向生命盡頭 »»»

恆星並非自始至終都能安穩的燃燒，當它燒光所有的原子核後，球體中心會變得油盡燈竭，再也無力撐起巨大的恆星外層。到了這個階段，恆星外部可能會像垮掉的屋頂一樣崩塌下來，陷入底下仍然熾熱的深淵中。掉落的物質撞擊到星球密度極高的核心後，又被反彈了出去；藉由這個方式，恆星將它的外層部分甩出，散布在整個星際間。

後來，母星球也許繼續燃燒、也許又再度爆炸了，但更重要的是，它已把珍貴的灰燼散播在太空中，這些都是剛剛形成的新元素。宇宙已不再像最初，只有氫、氦的稀薄塵雲了，宇宙現在已散布著重要的其他物質。

於是，第一次的宇宙大汙染發生了，蘊涵著構成疆土、生命、促進科技與力量等潛能的元素，這時已分布於恆星外的各個角落。

假如又有新的恆星形成，那麼初構成的氣體裡就已包含了王國中許多的領區。這些濃縮、含有雜質的氣團，照樣進行核融合反應，引火燃燒後，烹煮出的是更香濃的王國鮮湯。到了一定的時候，輪到這顆恆星走向生命的盡頭，便又以典型的爆炸方式終結。於是，劇烈的震動過後，原有的物質又再次飛濺，有更多更多的元素因此遍布在太空。

這是第二個問題的答案。

王國疆土全部浮現 »»»

那些剛釋放至宇宙各處的原子核，組成都很複雜，反映出它們多樣的生成模式。不同質量的恆星，燃燒的方式也各異：有些從不曾達到平衡狀態，有些連燃燒氦的階段都未曾經歷，有的燒得很快，有的卻很慢。

不過無論是哪種情形，它們都有個共同的特徵，就是像鋰、鈹與硼這些較輕的元素數量都非常少，因為在核合成的過程中，時常會略過它們，不產生這些元素；不然就是當它們一出現，很快又被使用掉了。

在物質演化的這個階段，王國中的這些區域仍然闕如，全都還隱沒在虛無的海洋下面。幸好，原子核穿越太空是一趟萬分危險的旅程，因為太空中充滿了宇宙射線以及速度飛快的粒子流，隨時都有可能在較重的原子核上敲出碎片，碎片中就包含了鋰、鈹與硼的原子核。這種現象稱為「核散裂」。

無垠的星際是寧靜的，卻蘊涵著不可知的危險。藉由這種在遠離星球的地方所發生的危險事件，王國的鋰、鈹、硼地區得以升出海面。

現在，王國的疆域實際上已經全部成形了。大體上，王國會維持這一定的模樣，而且幾乎會永遠矗立著。整個王國地質都是在恆星內或星際間形成的，所有圍繞於我們身邊的事物，不管是在想像的王國國度中，或是在現實的地球上，全都是由距離遙遠、且早已熄滅的恆星煉造出來的。

恆星在經歷垂死的掙扎時，產生強大的氣流，將元素推送出去。於是，元素由恆星內部激烈的混亂中釋放了出來，展開較平緩的歷程。之後，元素原本會在星際間漫無目的飄流著，但因為受到碰撞而偏移了方向，或因為輻射而加速前進，或隨著移動的氣體塵雲而輕輕飄向四處；其中有些迷途的原子就聚集在塵雲中，因此構成了一個特殊的塵雲，主要由氫與氦構成，但也摻雜了整個王國的其他成員。（您看，王國的歷史經常都與塵雲有關，塵雲會慢慢趨向較具結構的形式。）

這是在四十或五十億年前發生的事情，自宇宙創生後已過了一百億年。雖然粒子具有抗拒壓縮的能力，但彼此之間的重力還是會將它們拉近，使含雜質的塵雲逐漸凝聚，最後導致熱核反應暴發，就像氫融合成氦放出能量般，照亮了周圍的天空。

不過，並不是所有含雜質的塵雲都會凝縮，還是有些重要的殘餘物質會環繞在熾熱星球外圍，然後互相碰撞、黏聚成顆粒，一步步形成石塊、岩石、小行星，最後變成巨大的星球，繞著我們的太陽運轉。

其中有個熔融的行星，就是我們一切活動的舞台——地球。

宇宙豐度不等於地球豐度

追溯了久遠的王國歷史至今，我們現在要討論兩種不同的元素豐度地貌。

到目前為止，我們都是以宇宙豐度的角度來想像王國的情景，這時候氫和氦是聳立在微微起伏的地表上的兩道直柱。如果我們轉換成以地球上的豐度來繪製王國地貌的話，會發現看起來完全不同：氫和氦的高峰不見了，相反的，它們只比海平面高一點；取而代之的是鐵、氧、矽與鎂的高山筆直矗立著，另外還有稍微矮一點的硫、鎳、鈣及鋁的山峰。

原本睥睨群雄的區域，卻變得一蹶不振；而原來低矮的地方卻異軍突起。這到底發生了怎樣的劇變，才使得王國顯得如此不同呢？

雖然地球的形成比起元素在恆星上的產生過程來，可以說是微不足道的小事，但是以現今的標準看來，當時的情況仍然是相當劇烈的。尤其因為在初期，整顆地球都呈熔融狀態（直到今日，地心還是如此），高熱趕走了許多揮發性的化合物。單獨存在的元素氫可能被捕捉在氣泡中，但氣泡破掉後又會散返太空；氦也是一樣，由於它的反應性極低，不會與其他元素結合，因此也無法停留在地球上。

只有少部分的氫設法產生鍵結，形成非揮發性的化合物，包括禁錮於無機礦物中的結晶水，除此之外，其餘的氫和氦都逸散掉了，於是原本的高峰就僅剩下一小部分。事實上，原始地球是沒有氦氣存留的，今天地球上的氦氣都是像鐳、鈾這些重元素，經放射性衰變後製造出來的。

儘管殘留的熱度非常高，可以構成化合物的元素依然能固定下來，成為初生地球的一部分。我們現在所立足的地表，是由矽與東北方不遠處的氧、西鄰鋁組成的矽酸鹽和鋁矽酸鹽。於是這幾個輕元素便飄浮在密度較大的元素，像是鐵及鎳的上面，重元素則沉沒到熔融的地心深處去了，至今仍在那兒。

有些元素很不智的與硫形成聯盟，之所以說它們不智，是因為硫的化合物通常都極易揮發，很容易就被沸騰的地球逐出表面。

元素在地球上的豐度，是由它們化合物的揮發度所決定的，這使得王國原先的宇宙豐度地形圖消消長長。所以，我們從地球豐度的角度所看到的王國地貌，當然會與以整體宇宙豐度為觀點時，有那麼大的差異。

王國的未來

我們談過了一些非常久遠的過去以及最近的事情，而且也大概理解了王國的現在。那麼，週期王國的未來會是怎樣呢？這個國度會永遠屹立不搖，還是會慢慢沉落到海底呢？

在數年內，或最多數百年內，探險家極有可能會發現亞特蘭提斯島，這將是另一樁人類智慧的大成就，但不見得有什麼重要的實際用途。比較令人感興趣的是，等所有的恆星都死亡，而地球上一切的塵土、一切的事物都回歸到太空之後，在那麼遙遠的未來，王國的命運會是如何？

一種可能（但並不確定）的說法是，也許到 10^{100} 年那麼久以後，任何物質都將衰變成輻射。我們甚至還可以推想它的過程：王國中的高峰與山谷會逐漸變平，而鐵山卻愈堆愈高，因為元素都崩解成最穩定、能量最低的形態了。

另有一種可能性是，如果物質沒有一開始就衰變成輻射，整個王國最終也會變成一座孤獨的尖峰，僅有鐵聳立在虛無的海上。不過就算是鐵也是會衰變的，到時候連這座孤立的山峰，也將遭波浪吞噬。

我們可以相信，人類的卓越表現必定會記錄在輻射裡，因此也許會有下一個時代，對先前出現的我們、我們的資訊，以及我們對前週期王國的認識，都還存有一些紀念資訊。然而，我們也必須知道，到更久遠更久遠以後，隨著宇宙的擴張，所有輻射都將無限制的伸展，然後化為無形，不留下一絲痕跡。

到時候宇宙就會徹底死亡，一切時空歸於靜止，王國也不再有任何理性運用的可能性存在。整個王國真的完全淹沒在海浪之下了。所有的過去，包括曾有的記憶和知識，都將永遠消逝。

第七章

繪輿圖的人

一開始，根本沒有人認為週期王國會是個很有條理的集合。

這也是難免的，因為在十八世紀時，人們僅知道氫、氧、鐵與銅等區域；十九世紀初，也只多發現數十個其他區域而已。週期王國在當時根本國不成國，只是一些互不相連的群島，零零星星的散布在海上。很難有理由相信，這些完全不同的島嶼原來有著親戚關係。

先驅者杜布萊那

第一個認真考慮為王國繪製輿圖的人，是德國化學家杜布萊那（Johann Döbereiner, 1780-1849）。

杜布萊那在 1780 年出生，是馬車夫的兒子，長大後當過藥劑師的助手。他在耶那（Jena）大學擔任一位化學教授的助理期間，注意到他們的化學探險家在探究王國島嶼後帶回來的報告，其中有幾部分寫道，各區域的性質可能存有血緣關係。

1829 年，杜布萊那定出許多三個一組的群島，表示這些已浮現的島嶼中，至少有部分是堂親。

杜布萊那找出的三個一組的區域，其實大致來說，就是物理及化學性質近似的元素組合；不過他指出，這些三個一組的元素有一個很重要的特徵：居中者的原子量是兩邊的算術平均，也就是和的二分之一。因此，宗族與位置的數字基礎就開始浮現了。舉例來說，他定義鐵、鈷、鎳為三個一組的元素（原子序分別是 26、27 及 28，原子量則是 55.85、58.93 和 58.69，譯注：這三個元素的原子量顯然不符合杜布萊那所說的數學關係，這是由於此處原子量的變化原本就不太規則的緣故），於是王國地峽北側的一個地帶出現了。

在別的地方，杜布萊那將氯、溴、碘三個元素聯在一起（原子序為 17、35 及 53，原子量則是 35.45、79.90 和 126.9，它們是從北向南排下來的鹵素族），還有鈣、鍶、鋇（原子序 20、38 及 56，原子量為 40.08、87.62 和 137.3；也是由北向南的排列）。

從我們目前的觀點看來，想找出三個一組的元素並不困難，因為鄰近區域間的相似處其實俯拾即是。相較之下，要囊括大約數十種元素，而達成一種宏觀的視野，就難得多了。在杜布萊那的時代更是難上加難，因為他們僅知道王國的某些區域而已，相關的資料都相當缺乏，尤其是元素的原子量，大家所知的非常有限。

在廣大的地區都還零零碎碎、沒有被整理好的時候，杜布萊那懷有試著要定出模式來的心意，的確值得人尊敬，可惜他使用的數據不太正確。不過我們從他努力發現出的元素關係，可以看出他具有極高的化學敏銳度。

至於杜布萊那為什麼沒有把這幾組三個一組的元素，進一步連綴起來，勾勒出更具體的王國疆域形貌呢？那是因為在當時，根本還無法看出這幾組元素之間有怎樣的關聯。在王國版圖中，這幾組元素一組在北、一組在東、一組在西，相隔十分遙遠。以我們現在的後見之明，自然很輕易可以把它們擺進該擺的位置；可是杜布萊那與同時代的人，只能見到零碎拼湊、稀少的局部，很難有能力想像到整體的模樣。

更嚴重的是，當時如果大膽提出各元素間有密切關聯的話，甚至可能招來攻訐。

紐蘭茲先生，太可笑了吧？

在十八世紀末、十九世紀初，根本沒有幾個化學家相信物質之間有算術關係，儘管他們的想法沒有什麼依據。對他們來說，物質是實際的，數字卻是抽象的。抽象而能化為具體的數字，那可是人類智慧的結晶，是很有系統的推導出來的結果。但另一方面，物質卻是地球的產物，不是我們假想出來的；物質是真實的，它的成分可能被一個個攫取出來、並加以鑑定，完全沒有理由認為它們會構成某種人為的數學關係。

即使已經開始有人察覺到某些關聯存在了，有些人的反應還是嗤之以鼻。

到了 1860 年代，已經有足夠數量的元素區域給探測出來，因此科學家有能力開始質疑，王國中是否真有某種程度的規律。首先提出整體模式的是法國地質學家德尚寇特斯（Béguyer de Chancourtois），他在 1862 年以螺旋的方式將元素排列在圓筒上，企圖以這種方式容納下 24 個元素。他已經注意到元素性質的週期性：每隔七個間隔就會有類似的元素出現。

1864 年，英國化學家紐蘭茲（John Newlands, 1837-1898）更提出一種相當優越的二維空間排列法，填進了 35 個元素。由這個圖形已經逐漸可以察覺到現有王國地圖的模樣了。

紐蘭茲於 1837 年出生在倫敦，有義大利人的血統，曾在那不勒斯與加里巴廸（Garibaldi）軍作戰，後來退出了戰場，結束這個尚稱浪漫與英雄的職業，而成為一家製糖廠的工業化學師。很不幸的是，紐蘭茲選擇了頗近似樂理的方式來報告他的發現；也就是說，他注意到每八個元素就會產生重複，像是音階一樣，因此他認為元素是八個一組的。

就某個程度來講，紐蘭茲說得沒錯。我們以後見之明的角度來看，可以知道王國的北海岸若是從西部矩形地帶，直接跨到東部矩形地帶，的確包含八個元素區域，由鋰開始至氖為止。不過在紐蘭茲的時代，人們對貴重氣體還是全然無知的，所以讓我們暫時假裝東海岸的低地不存在。這樣推算起來，在鋰之後的第七個元素並不是氖，而是鈉了，鈉是另一個鹼金族的區域，它與鋰有非常明顯的相似之處。然後鈉再往東七步時（再一次忽略東海岸的氬平原），我們來到了鉀，鉀也是鈉的親戚，這又構成八個一組的元素群；只不過這兩排八個一組的元素是頭尾重疊的，即鈉元素是第一組的尾巴，也是第二組的組頭，就相當於 Do 的音階。當紐蘭茲依照各原子的質量（*原子量*）將各區域排列下去時，他發覺每八個已知的元素（貴重氣體族是以後的事了）就會形成一個週期。

德尚寇特斯和紐蘭茲都窺見了王國的布局。但是直到那時候，除了更早的杜布萊那已觀察到元素之間零散的血緣關係外，其他有關各區域的報告，還是認為它們是互不相關的散亂島嶼。

然而紐蘭茲實在太不幸了，他的想法雖然不差，卻採取類似樂理的方式來發表，結果只得到輕蔑的嘲笑——自然界的基本法則怎麼可能跟音樂韻律扯上關係呢？太可笑了！那莫扎特在作曲時曾譜出過化學組合嗎？那麼海頓所做的就是調製一種藥劑，在傾入耳朵後能撫慰人的心靈囉？為什麼紐蘭茲先生不試試看，換成按字母順序列出元素算了？

邁耶看出王國週期 »»»

幸好這些嘲諷，並沒有阻隔其他人繼續試圖找出王國秩序的決心，那時代就有三位科學家仍然在進行這種化不合理為合理的探索。

第一位是奧德靈（William Odling, 1829-1921），英國皇家科學研究院繼法拉第之後的大學者，後來擔任牛津大學的化學教授。1864 年，也就是紐蘭茲發表音階地圖的同一年，奧德靈也出版了一張王國輿圖，與現行的圖樣亦有密切關聯。他將 57 個區域放在圖中，排列的方式是我們今天所能理解的，但裡面有一兩個區域堆疊在一起，並沒有適當的分別出來。奧德靈同時留下了許多空格，顯然他想要表示，確實還存有許多不為人知的區域。

但是奧德靈的研究成果幾乎不曾受到重視，這是很不公平的。值得一提的是，奧德靈相當長壽，他活到九十一歲，是早期的製圖者中唯一活到二十世紀的人，直到 1921 年才去世。

同樣在 1864 年，德國化學家邁耶（Julius Lothar Meyer, 1830-1895）發現，元素與另一元素形成化合物的容易度，會隨著原子量呈現週期性的變化，因此他也提出一個王國的略圖。另外他還測試了各區域的物理性質，尤其是每個原子所占的體積（即原子體積），利用密度與原子量就可以計算出來。

邁耶以原子體積對原子量作圖（因為在當時，原子量是用來辨別元素的最基本要素，而且能夠藉此排出元素的順序），發現了某種規律（參見次頁圖）。紐蘭茲所說的八位一組的元素確實呈現在那裡，因為到了第八個和第十六個元素時，原子體積值各出現一個高峰。不過

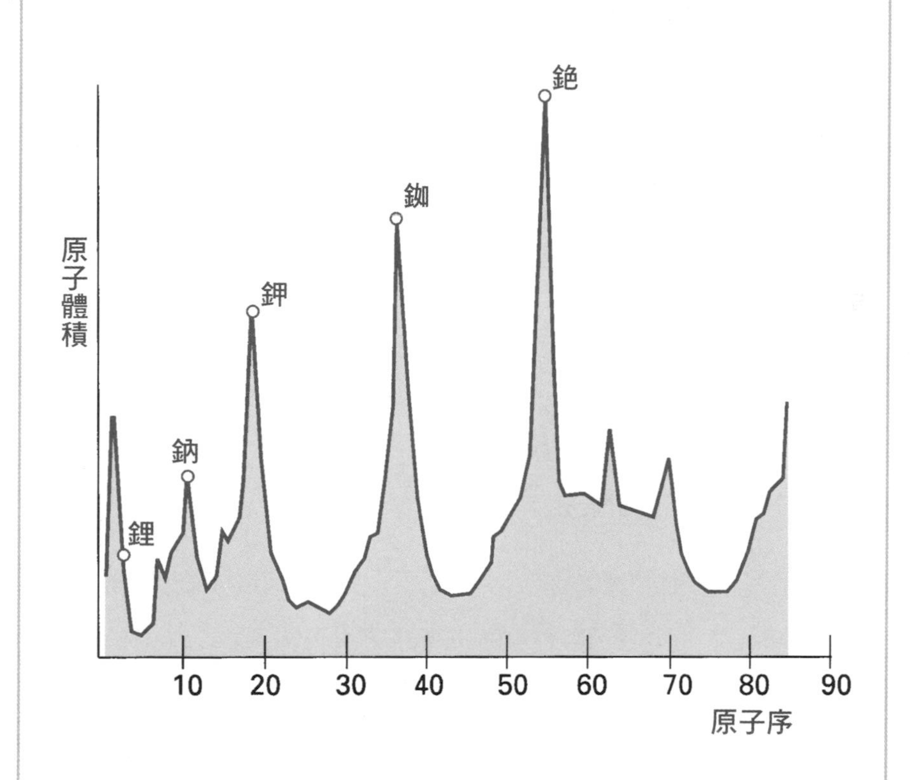

這張圖是邁耶所繪的元素原子體積圖的現代版本，也是更完整的版本。邁耶是以原子體積對原子量作圖，但這裡我們是以原子體積對原子序作圖，因為原子序才是更基本的性質。請注意數值呈現週期性的高低起落情形。

這種規律稍後就發生了變化，最高峰隔了十八個元素才再出現。在那個高峰之後，就當時所知的元素來說，原子體積想再攀上另一個最高點，得再等好長一段時間才行。邁耶已經揭露了元素的週期性質：這個複雜的規律就像波浪一樣，穿越過一排排的地區，整個王國要比紐蘭茲猜測的，錯綜多變得多了。

紐蘭茲只有察覺到這個複雜結構的初步現象而已，奧德靈和邁耶所做的，又更深入了一步。

沙皇眼中唯一的門得列夫

這時候，在遙遠的聖彼得堡，一位重婚的化學家門得列夫，也在關注相似的問題，不過他是用更偏向化學的角度來處理的，並且對奧德靈和邁耶的研究成果全然不知。

門得列夫看起來有點像瘋僧拉斯浦丁（Rasputin，俄皇尼古拉二世時代的人物），而且聲望也能附和。他在西伯利亞出生，是十四個孩子中的老么。在聖彼得堡的時候，門得列夫就顯露出他那直言不諱與急進好辯的個性。俄國法律強制規定，離婚後要等七年才能再婚，但是門得列夫不肯，立刻又結了婚，因此觸犯重婚罪。不過沙皇仍堅持保留他的官位，因為雖然門得列夫有兩個老婆，但是沙皇，他卻只有一個門得列夫。

這位沙皇眼中唯一的門得列夫，知曉 61 個週期王國的島嶼（請見次頁圖），他一直尋求能將它們統一起來的化學關係。當時只有現行王國五分之三的疆域已知，門得列夫必須勇敢聆聽自己內在的聲音，推斷有哪些區域是還沒有發現的。因為他明白，與其勉強完成錯誤的形

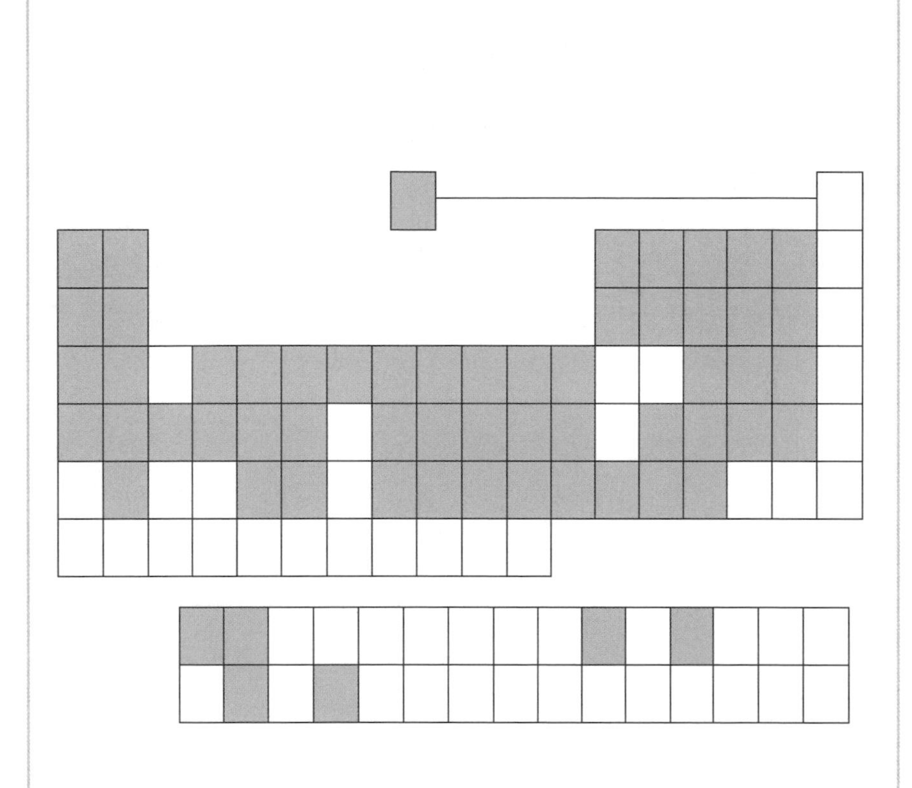

在門得列夫的時代就已經知道的元素，以有顏色的格子代表。有興趣的讀者可以參照週期表，玩玩填字遊戲，看看是哪些區域。

式，而破壞了整體的模樣，還不如留下空格，引導後來進入王國的探險家將它們填滿。

據說，門得列夫發現週期表的經過是：有一天，當他在編寫一本化學教科書時，正苦惱著該如何有次序的介紹這些元素，這時，他稍微小睡片刻，並且做了個夢；等醒來後立刻製成了王國的圖形，那幾乎就是它最後的樣子。當時是 1869 年的 3 月 1 日。

還有一個軼聞可能與這個發現過程相關，就是門得列夫很喜歡玩一種單人紙牌遊戲，因此他將元素都寫在紙板上，然後一個個分發到不同的行與列中。

門得列夫主張原子量是元素唯一的基本特性，因為它不會隨著溫度或其他因素而變化。那時候，許多原子量測定值都已具有相當合理的準確度，門得列夫於是按照原子量遞增的順序來排列元素，並且在覺得有必要的時候，果斷留下空格，然後在一個與王國現有布局很近似的長方形陣列中，填入各個區域。於是，門得列夫掌握到了元素間的相似性。

門得列夫與週期表

在門得列夫的週期表中，同一家族的親戚由北往南排在同一行中，就像現在的王國一樣；而從西向東則是性質的逐漸混合。今天，週期王國裡垂直的行就稱為「族」(group)，水平的列便稱為「週期」(period)。

與我們目前所知的一百多個元素相較，門得列夫僅僅知道 61 個，他在初次嘗試時也只放入 32 個元素而已，不過這已經足夠顯示出王國疆土的形勢了。

在排列過程中，門得列夫還得四處修正順序，在數字可能會引人誤入歧途的地方，更要運用自己對化學的獨特嗅覺來指引方向。比如說，如果光靠原子量大小來排序的話，他恐怕會把鎳及鈷交換順序，還有碲及碘也一樣。不過在這些情況下，門得列夫並沒有被原子量所誤導，而是信任自己的直覺，將元素分配到適當的家族中；因為碘的各種化學性質都顯示它是鹵素族的一員，所以他就把這個元素放置到現在的位置；至於鈷，至少對化學家的直覺來說，它最自然的擺法就是放在鐵和鎳之間，而不應該依照原子量的大小來排列。

接下來，為了讓各區域各歸其位，門得列夫必須讓某些空格留下來。就像我們說過的，由於有空格存在，明確指示了探險者該探索的未知領域，於是擬矽（即鍺）和擬鋁（鎵）很快就在真實世界中給發現了，空格也因而填補起來。

只是門得列夫也曾犯過錯，提出一些從未出現的土地。例如，他就沒有考慮到地峽及南方島嶼的地理形狀，因此那裡的所有區域都堆擠在一個長方形裡面。

門得列夫所製出的王國輿圖，與我們今天通行的當然有點不同，不過當時是首次做這種組織化的嘗試，略有差異是可以理解的。而自從門得列夫發表他這張著名地圖之後，幾十年來又不斷有人做些修正，並且不斷也有新的元素區域開發出來，因此即使到了二十一世紀的今天，王國輿圖也還沒有完全固定下來。

現代王國輿圖

現代的週期王國輿圖已經擺脫了「依照原子量排列」的不合理方式，而是利用另一種更基本的量——原子序。

原子序指的是元素原子核中的質子個數；中子的確也有占一部分的原子重量，但它的個數卻不列入計算。所以只有單一質子的氫，原子序就是 1；氦有兩個質子（不過卻有一或兩個中子），因此原子序是 2；而有九十二個質子的鈾，原子序為 92。這個大小順序清楚的數字，很規則的在整張週期表內遞增，沿著各列由西向東增加，而每往南跨一排，原子序也隨之加大。

如果我們以原子序的值繪出王國地貌時，一眼望過去，您會看到非常平穩上升的表面，由西北往東南斜升上去，完全沒有任何凹凸不平的地方。沿著「週期」在王國中行走，是絕對不會讓人跌跤的（如果換成以原子量來繪圖的話，絆倒的情況還是偶爾會發生）。離開了王國大陸，就算來到南方離島也是一樣：北邊狹地高度均勻的上升，南邊狹地的高度較高，但坡度同樣也很平順。假使我們想把這座大島嶼塞到王國大陸裡面，依它們的坡度，您很容易就可以準確判斷出，哪裡是該開個大孔把它們塞進去的位置。

特別重要的是，藉由獨立的測量，我們能夠給與王國各區域一個依序遞增的數字，這很方便我們確定，有沒有漏掉哪個元素。舉個假想的例子，如果在十九世紀末之前，就已經知道原子序這個觀念的話，當代人很快就會察覺，就在鹵素族的東邊，顯然應該有塊尚未發現的狹地存在，因為任一個週期的東端與下一個週期的西端間，原子序總是跳過一個數字。

也正是從原子序的觀點，我們能很自信的說，在西部沙漠的西海岸，絕對沒有與東海岸平原相對應的平坦狹地，或是整片失落的大草原。因為我們很確定，已經沒有任何遺漏的原子序了。

原子序正是我們夢寐以求的王國最基本的性質，這已經沒有人會懷疑。現在，有了原子序，您大可以從 1 開始，逐一點名到 111，絕不會有哪一個元素缺席。

自從有了原子序

由於原子序與王國各區域擁有這種密切的關聯，這也意味著，當我們沿著南海岸往前行進時，可以藉由測定新開墾疆土的原子序，一步步標下記號。假如就像曾經發生的那樣，原子序跳了一個數字，那我們會知道有個區域遺漏掉了，於是就留下一個空格。

在這個滿是放射性的危險、又瞬息即逝的南海岸區，原子序當然並不是按照發現的順序來指定的，而是藉由特定的方法測量出來的，各元素區域也據此決定自己的位置。根據同樣的理由，再加上我們對原子核結構的認識，我們已可推測：那座尚待發掘的「安定之島」距離大陸南岸的位置，應該是在接近原子序 115 的地方。我們甚至可以推測出「安定之島」的大小，因為從原子核構造的理論來看，約在原子序 180 的所在，又會是另一個未知的陸塊。

此外，王國各元素區域各具有依序的數字還有一個好處，就是大家不會再為各區域應坐落的位置而吵架了（不過我們還是有機會看到其他有關領土的爭執）。的確，從前令人弄不清楚該將它們擺在哪裡的元素，像是鈷和鎳、以及碲和碘，在所有現代的王國地圖上，已是再明確不過了。

模稜兩可的問題消失了，元素全部都在看法一致的探險家預期的地方出現了。

很令人欣慰，不是嗎？但是我們還有一個頗值得反思的結論：在大多數的情況下，原子量變化的傾向與原子序一致，這是相當令人愉快的巧合。因為原子量雖然經過後來的研究，證實並不是王國的基本性質；但由於它和原子序的巧合關係，倒是幫助了早期的製圖者，使他們得以大致掌握住相關的元素性質。

離島引發戰端

關於王國領土的爭執，可以提出來的有三個，兩個是化學方面的，一個是技術方面的。

第一個化學上的爭執並不嚴重，不是那種世界大戰型的，主要是關於南方島嶼的事。化學家十分清楚王國這個地區的元素順序，以及把島嶼塞回王國大陸時，該鑽進哪個位置。經由測定原子序，區域的次序是沒有什麼疑問的。然而反過來，決定王國的哪個部分該由陸塊中切除，而拖到海中，就不是那麼明確了，這必須判斷哪些元素足夠近似到能彼此形成聯邦才行。

在南方島嶼的兩個盡頭都存有異議的空間，特別是島嶼的東端，因為區域間的關係又更加複雜了。有些人畫的王國輿圖，拉到海中的狹地便稍微有點不同。在我們的王國輿圖上，所拉出的王國狹地算是最大塊的，所以南方島嶼也是最大塊的。

不過，到底為什麼要把西部沙漠西南這一帶分離出來呢？理由其實相當實際，因為如果把整個王國畫在一張紙上的話，那會太瘦太長了，版面不太容易擠得下去。事實上，有時為了強調王國整體一致的趨勢，連過渡性的西部沙漠地峽都有可能被割捨掉。我們不採用那種過度截短的形式，可是讀者或許遇過那樣的地圖，看起來王國似乎已分崩離析，反而令人感到迷惑。

第二個化學爭論點是在北方的盡頭，就是關於北方離島氫的位置應該位於何處。對那些不喜歡離島的人來講，該把它擺在陸塊的哪兒也是個問題。

這就成了大盡頭派與小盡頭派之間的戰爭。大盡頭派堅持要將這島拉回岸邊，形成一個新的西北岬角，就在鋰及鈹的正北方，並且與東北岬角氦遙遙相對。這樣做有很充分的化學理由，我們將來會看到，這是基於原子內部構造的關係，氫與鋰及鈹的結構有非常密切的關聯。但是這麼擺也滿奇怪的，因為氫是氣體，不像其他西部沙漠地區全是金屬，所以放在那兒恐怕不太協調。

而小盡頭派的意見剛好相反，他們打算把氫的島嶼拉到王國大陸鹵素的正上方，也就是氦的隔壁，使東北岬角的範圍變為原來的兩倍。小盡頭派主張，氫毫無疑問是一種氣體，而它不論在化學上或結構上都與鹵素近似。然而他們的論點和大盡頭派一樣都是十分牽強的，我們以後也會討論到，以內部構造的觀點來看，將氫放在那裡還是很不對勁。

有些化學家接受折衷的辦法，在兩邊都標出氫的區域。我們則採取不同的路線：根據長久以來的觀察，王國幾個北海岸元素與它們南側緊鄰的元素，性質就大不相同了，因此相對來說，我們假定第一個元素會是疆土中最為特殊的一個，應該是相當合理的。所以如果把氫拉回岸上，只會造成虛假的相似性而已，其實並不合適。因此在我們這一版的王國輿圖上，氫這個區域就穩穩的下錨在北海岸外，成為一座孤懸海外的離島了（其他人繪製的地圖也許不是如此）。

化學聯合國的新憲章

至於技術上的爭執，那是牽涉到命名各家族的問題。

橫列的週期稱呼是相當直接的，並沒有造成什麼戰爭。氫和氦組成週期一，接下來的水平列稱為週期二、週期三，然後依此類推下去。另外，南方離島這時也被視為大陸的一部分：它的北邊狹地屬於週期六，南邊狹地則歸於週期七。目前新陸地的開墾是在週期七的東側上進行的。

然而該如何為直行的家族編號，就引起嚴重爭戰了。等一下的敘述一定會令人覺得很困惑，因為情況的確很混亂。門得列夫與他的嫡傳徒弟將西部矩形地帶命名為家族 I 和家族 II，東部矩形地帶由家族 III 排到家族 VIII，他們同時也為地峽的每一行編上 I 到 VIII 的號碼。

地峽的家族 VIII 是相當特殊的一族，它的過渡性質最為顯著，和其他家族都不同，因為它包含了三行的元素，像是典型的杜布萊那三個一組的元素「鐵、鈷、鎳」就都歸類於家族 VIII。緊跟在右方的銅家族被分派為家族 I，這表示它們得被迫與遙遠的鹼金族共用一種編號（這種分享是基於一些模糊而必須的理由）。同樣的，地峽最右方的鋅家族也不得不與西部矩形地帶中的鹼土金族共稱為家族 II。

不過為了區別矩形地帶的家族和地峽家族，就使用字母 A 及 B 來區分，鹼金族是家族 IA，銅那群元素則是家族 IB；鹼土金族屬於家族

IIA，隔了十格的親戚鋅就歸於家族 IIB。

但就像先前有大盡頭派及小盡頭派兩派一樣，這裡也有騎士派及圓顱派兩種派系。騎士派採用上面講的命名法，可是圓顱派就把 A 和 B 顛倒過來使用。因此根據圓顱派的說法，銅位於家族 IA，而鋅屬於家族 IIA；至於杜布萊那所定的過渡性三個一組元素則歸於家族 VIII，貴重氣體族則稱為家族 VIII B（但是按照騎士派的意見，三個一組的元素應該屬於家族 VIII B、貴重氣體是在家族 VIII A 才對）。除了這兩大門派之外，甚至還有一個不守規定的學派，私自將位於低反應性海岸的貴重氣體族稱為家族 O，連個羅馬字編號都沒有。

我們可以理解到，在這裡有太多引發混亂的機會了，因為每個派別各據山頭，誓死捍衛自己的學說，不容許一點點的改變。

為了掃除這些國際性的紛爭，監管王國的人們組織了一個類似聯合國的機構，也就是國際純化學暨應用化學聯合會（IUPAC），它同時也是負責決定新元素命名的委員會。委員會提出一個很睿智的建議：捨棄舊有的規則，重新定義新的。這麼一來，不管是羅馬字母 I 到 VIII、被某派用過的 O，還是爭議最大的 A 和 B，都不再出現了；我們現在只簡單的用阿拉伯數字 1 到 18 來取代，依序標在王國大陸的直行上，最西邊開始是 1，最東邊以 18 結束。所有地峽的區域都擁有各自的族名了，由 3 編號到 12。

在這個方案中，南方島嶼的各行是沒有名字的，但應該不會有人抗爭才對。因為這些區域的化學性質幾乎是一般無二的，只需要有橫向的歸屬，並不需要縱向分類，所以也沒必要特意用標號將它們區別出來。

我們的王國輿圖便是採用化學聯合國的方案。但是，仍有一些衛道者堅持沿用舊的法則，他們相信唯有如此才能直接掌握到王國的規律，而那樣才是王國存在的最主要目的。不過，新規則的擁護者看來已逐漸取得優勢了。當然，離打贏這場戰役還有很長一段路，而且各類筆戰仍然持續流竄，時常會發生一些小衝突；在西部沙漠境內，甚至還有一陣陣隆隆的砲聲。

無論如何，至少現在已是化學聯合國新規則的天下了。只不過有些時候，我們會再偷用一下舊的叫法，算是對老衛道者表示些許敬意。

王國四大方塊 » »»

在闔上這部「輿圖繪製簡史」以前，我想補充一種觀點，當作結尾。

我們不斷提到王國的東部和西部矩形地帶、居於其間的地峽，以及南方離島。如果說，我們現在開始把這四個地帶當成王國的四大基本地區，而且各有正式的稱呼與標號，您應該不會感到奇怪吧？每個地帶共同的稱呼就叫做「方塊」(block)，這就像稱呼「族」、「週期」一樣，沒有什麼特殊處。

王國這四個方塊，各自有不同的標號。在我們研究王國的制度和政府以前，這些標號可能顯得十分神祕，因為它們是從專門用語來的，以後我們就會逐漸明白。基於某些現階段還不知所以然的理由，我們將西部矩形地帶稱為 s 方塊、東部矩形地帶稱為 p 方塊、中部地峽是 d 方塊，南方島嶼則叫做 f 方塊。

大致來說，這就是王國輿圖目前呈現的樣子。您如果問我，可不可以用幾句簡短的話來描述王國概況？我會這樣說：王國的各元素區域按照原子序遞增的順序排列，共有編號一至七的水平週期，以及編號 1 至 18 的垂直家族，並形成四個方塊的組合，各表為 s、p、d 和 f。

在更深一層探討王國組織之前，我得強調，製圖並不是一門靜態的、平面的學問；也有許多人試著把王國繪成更複雜的形式，特別是像地球一樣，畫成三維空間的圖。但王國真的能和地球一樣畫成球形嗎？描繪成地球的樣子之後，成了比較多維的空間畫法，就能比二維畫法表現出更清晰、更準確的關聯嗎？高維空間所呈現的，是否有辦法比我們現在畫的，更有效且正確的將王國具體化呢？

未來的立體地圖

讓我們再花點時間回到製圖者隱身的地方，看看他們曾做過怎樣的建議吧。當然，其中有大部分對王國進展的過程完全沒有任何影響，而且早已經給遺忘了，只能擺在博物館中供人參觀。

譬如，我們曾經提過德尚寇特斯想像的王國，是繞著圓筒上升的螺旋形，稱為「碲螺旋」，之所以有個這麼不可思議的名字，是因為碲這個區域就位於螺旋的中心。碲的英文是 tellurium，其實正是源於拉丁文的「地球」這個字。

除了這種單螺旋形之外，還有一些更複雜的後繼者，像是麻花狀的螺旋以及雙螺旋形狀，那使得西部矩形地帶與東部矩形地帶直接接觸，好比阿拉斯加碰上西伯利亞一樣，巧妙避免了王國國土的不連續現象。

其實，週期王國只是想像的國度，沒有必要一定得模仿真實的王國，非得做成地球狀的立體結構不可。不過我們還是提出週期王國最有趣的繪圖版本之一：風向標模型（請參考次頁圖）。

在這模型中，s 方塊是軸（請注意它有兩個面），p 方塊（也有兩個面）從 s 方塊的家族 1 那一側的軸處伸出，形成一片葉片；接著是雙面的 d 方塊，由 s 方塊與 p 方塊的交接線伸出，形成另一個葉片；而雙面的 f 方塊再從 d 方塊伸出來，形成葉片上的葉片。

所有王國的方塊，不管是舊有的封土或新闢的疆域，都找得到擺置的位置。比方說如果我們又發現了一個 g 方塊，那就看 g 方塊的第一個元素的原子序是多少，看它可以從哪個方塊的哪裡岔出來，再將它擺上去，成為另一片葉片。在這種輿圖模型上，還有數不盡的變化方法，但和一般的球形相同，都會遭遇到相同的難題：二維以上的模型是很不容易表現的。

等以後科技更發達時，這些三維空間的表示法一定比以前發現的，更能深刻描繪王國的景況；而且將來還能藉由電腦威力強大的視覺處理效果，給與我們更豐富、更具啟發性的影像，幫助我們更清楚王國內部的關係。週期王國的輿圖就無需再局限於平面圖形了。甚至，某種完全不同的描繪基礎或是展示模型，也會設計出來，屆時必然可以擴展我們的理解力，遠超過我們目前所能想像的。

但是，以下繼續說明王國的典章制度時，我們還是得返回現實，仍舊使用這個時代最易於翻閱的書面王國輿圖。這張圖早已經引導我們心靈的眼睛，在想像的國度中來回翱翔了；而且它是從杜布萊那的三個一組元素、紐蘭茲的八個一組元素、奧德靈的表格、邁耶的週期，以及門得列夫的整體視野中逐漸湧現出來的，雖然較為平板、簡單，卻蘊涵著源遠流長的歷史意義。

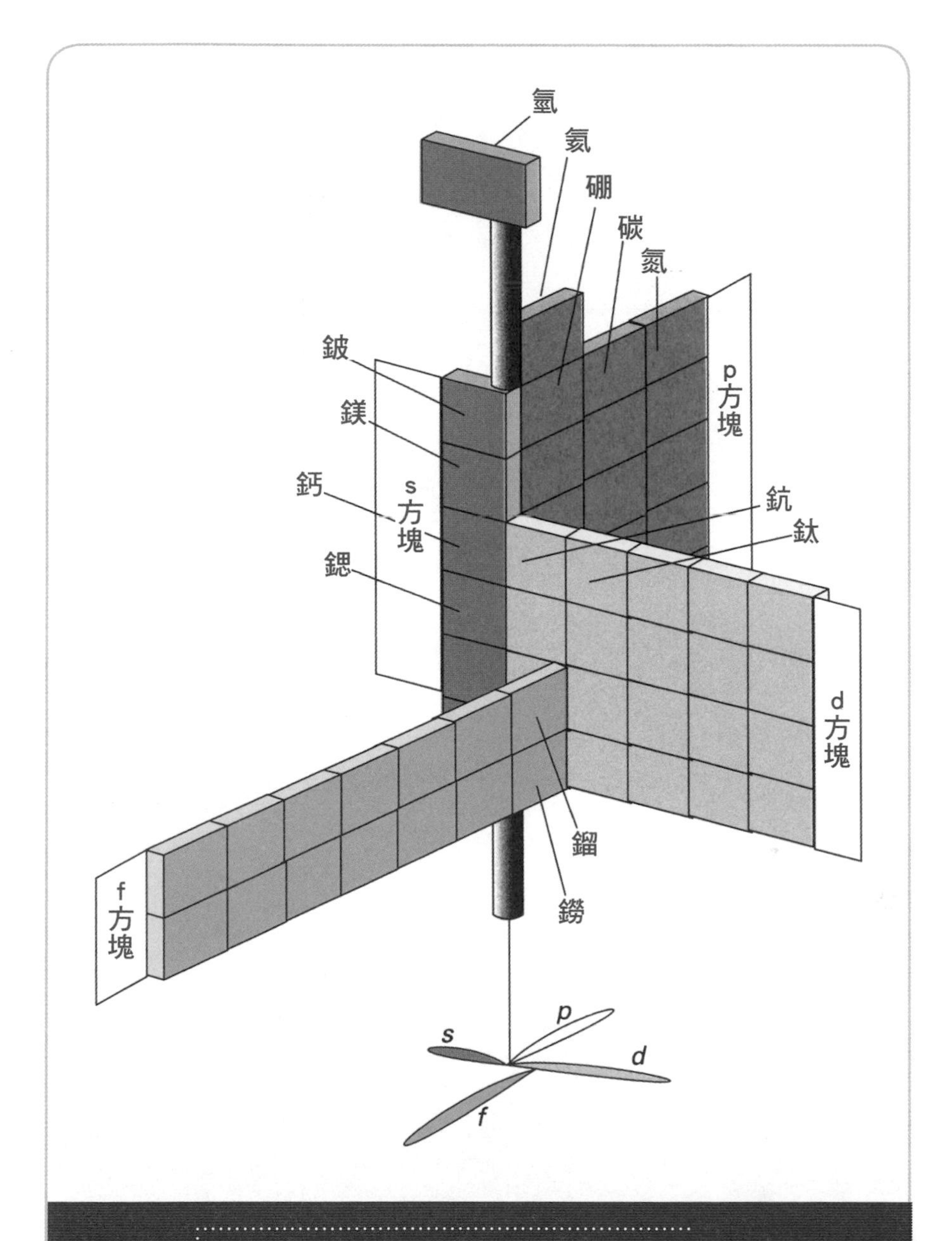

週期王國的四葉風向標模型，這是一種三維空間的王國輿圖版本，是由化學家吉規爾（Paul Giquère）提出的。每個葉片都是一個方塊。從現在這個角度來看，您只能看到各方塊的其中一面。我建議讀者自己動動腦筋，嘗試去認出各個元素區域；上面已經標有一些元素名稱了，讀者可以從這些地方出發。

第三部

典章制度

Cr
52.0
Mn
54.9
Tc
98.0
Os
190.2
104
105
106
107
108
Sg
Hs
277
59
60
61
62
63

就某種意義來講

整個週期王國都是由電子鋪成的

法拉第若是地下有知的話

一定會因這個發現而高興不已

58.9
37 38 39 41 42 43 44 45
Rb Sr Y Nb Tc Ru Rh
85.5 87.6 88.9 92.9 98.0 101.1 102.9
56 73 75 76 77
Ba Hf Ta W Re Os Ir
137.3 178.5 180.9 183.9 186.2 190.2 192.2
88 104 105 106 107 108 109
Rf Db Sg Bh Hs Mt
261 268 271 270 277 276

第八章

核心宪法

59 60 61 62 63
Pr Nd Pm Sm Eu
140.9 183.9 145 150.4 152.0
92 93 94 95
U Np Pu Am

想了解王國內部法律，也就是統御原子結構、並形成它們的特徵與性質的規則，您得先放棄心中原有的成見。

通常提到法律，我們都會認為那是非常複雜的東西，但是統治元素王國的法律並非如此，它們比真實生活中的法律簡單多了。我們甚至可以說，比起撞球規則、星球的運行法則，以及管理其他巨觀物體的準則來，週期王國的法律還要單純得多。

在解釋王國的結構時，一定得提到量子力學，這是二十世紀科學的一大特色，是與過去截然不同的學說。藉由量子力學，我們可以說明王國的規律，並且領悟到，為何各區域會這樣井然有序的排列在一起。事實上，量子力學是解說王國的關鍵，如果我們想把一整個具有家族、週期特色的實驗圖表，轉換成較有用、且較易懂的圖形，就必然得運用到量子力學。

原子本身是一種微觀的東西，要討論它們時，必須用它們的語言才行；而量子力學正是溝通的橋梁，因此具有不可或缺的重要性。經由這座橋梁，這種對大自然的獨特描述方式，「能量」會轉變成一種不連續的物體，稱為「量子」，這與古典物理的內涵是大不相同的。在古典力學的描述中，能量是均勻而且連續的。

還有，在巨觀世界裡，「粒子」與「波」差異是很大的；但在量子國度中，粒子與波的差異性消失了，兩種概念已結合為一。量子世界裡的實體是兼有粒子和波這雙重性質的。

電子鋪成的世界

根據量子力學以及實驗的觀測，我們若用另一種方式來描述週期王國，可能更恰當：王國是由「不連續性」及「波粒二象性」所規範的。為了明瞭王國的制度與管理方式，我們必須接受這些看起來很古怪的觀念。

先前曾提過王國的小圓石，小圓石就代表元素的原子。原子是一種薄霧狀的實體，裡面空的地方比存有物質的地方多很多。存有物質的地方是一個沉重、但微小的中心核，而圍繞在它四周的，則是幾乎空無一物的空間。在這空間裡，其實零星散布著一種（就化學性質而言）自然界最重要的基本粒子——電子。於是，我們對元素的原子有了最粗淺的認識：由電子雲環繞著一個微小的原子核。

十九世紀初葉，原子的存在首次獲得了實驗證實。當時，英國曼徹斯特的一位學校教師道耳吞（John Dalton, 1766-1844），曾仔細分析互相結合的物質的質量。其實道耳吞並沒有取得直接證明原子存在的證據，但是他從自己的測量中推得一個結論：在化學反應裡，有些實體是絕對不會改變的。

而今天，我們已經擁有非常多能直接證實原子存在的證據了，而且我們還擁有構造精巧的電子顯微鏡等儀器，可以將它們一覽無遺。

原子的內部構造則是在十九世紀末、二十世紀初，經由一連串後續的實驗測定的。電子是物質很普遍的成分，這個概念是由劍橋大學的湯姆森（Joseph John Thomson, 1856-1940，諾貝爾物理獎 1906 年得主）建立的。湯姆森使用的設備是現代電視陰極射線管的前身，結果顯示出，有一種基本粒子可以從任何元素上脫離出來。史東尼（George J. Stoney, 1826-1911）將這種基本粒子命名為「電子」。後來，電子的質量與負電荷也都被測量了出來。

就某種意義來講，整個週期王國都是由電子鋪成的。我們以後會看到，元素的特性其實是由它們擁有幾個電子來決定的；例如在氦這裡，有兩個相伴的電子，在鎂那裡則有一打電子聚集在一起。

法拉第若是地下有知的話，一定會因這個發現而高興不已，因為他身為電學的首席專家，一直深信電與物質的組成有某種關聯。畢竟，由電解現象已經證明，在通入電流後，物質是可以加工成另一種形態的。而透過湯姆森的研究成果，讓人很清楚的了解：電子是普遍存在的，它們以某種方式構成了物質，而且所謂的電流，也不過就是移動中的電子流罷了。

拉塞福的原子模型

發現電子之後，使得人們更進一步認識了原子的構造，也因此引發兩個更深一層的問題。首先，當時並不知道一個原子裡含有幾個電子。因為已知電子的質量只有原子的幾千分之一，所以大家認為，即使在最簡單的元素氫裡面，可能都有好幾百個電子。當然我們現在很清楚了，在這個創生於「宇宙的舊石器時代」的元素裡頭，僅有一個電子而已。

第二個問題是：原子內部一定會有帶正電荷的物質，這樣才能使整個原子呈現電中性，但這帶正電荷物質的本質又是什麼？它會像湯姆森所想的，是一種帶正電的果凍狀物質，而上白或上千個電子就埋在裡面嗎？或者說它是更具結構性、更複雜的東西呢？

1910 年，在曼徹斯特大學，拉塞福運用他非凡的實驗才能，企圖找出王國小圓石的構造真相。在他的指導下，兩名學生蓋格（Hans W. Geiger, 1882-1945）與馬斯登（Edward Marsden）將阿爾法（α）粒子射在金箔薄板上。阿爾法粒子是一種極小的正電粒子，由較重元素經過放射性衰變而產生。大部分阿爾法粒子都直接穿過金箔，有些卻散射開來，還有一些正好反射回起始點。

原本拉塞福預期，一個個的果凍狀原子應該很容易穿越由許多果凍狀原子構成的薄板才對，但情形卻不是這樣，這使得拉塞福陷入了沉思。他想著：「這真是我一生中所遭遇到最不可思議的一件事」，而實驗結果就好像「把直徑 15 英寸的砲彈射向一張薄紙，卻反彈回來打到自己」一樣令人驚駭。

如果原子真的是一個個果凍狀的東西，那它們必定具有驚人的反射彈性。可是更深入探究這個現象後，拉塞福領悟到，原子根本不是柔軟的果凍球，它的正電荷應該是集中在中央的堅實微粒，而原子的其餘部分大多數是空的。

拉塞福於 1911 年發表他的理論，於是「有核心的原子模型」誕生了。在這模型當中，原子擁有一個單獨的、沉重的、微粒狀的中心原子核，它帶有原子的正電荷與絕大部分的質量；圍繞在原子核四周的則是稀薄的電子「大氣層」，裡面有著足夠的電子數，可以恰好與原子核的正電量抵消。

根據這個模型，王國的每個小圓石都成了具有核心的實體——由一個帶電的微粒統御著幾近全空的空間。

發現同位素

拉塞福能夠測量到金原子核所帶的正電，相當於數十個單位的電量，因此他推論，原子內並沒有成千上百個電子，最多只是幾十個而已。後來另一位拉塞福的學生，年輕的物理學家摩斯里（Henry Moseley, 1887-1915），以不同的觀測方式測出電子的數目，但之後不久，他就在加利波利（Gallipoli）遭狙擊兵槍殺殞命。

摩斯里是藉由探查原子放射出的 X 射線性質，以計算出原子核的正電量。利用這個方式，週期王國各元素區域的序號，也就是原子序，便給推定了出來；然後這數字就被視為是原子核所帶的正電單位量，也視為是電子「大氣層」裡的電子數量。例如我們說過的，氫的原子序是 1，因此它的核內有一個單位的正電，而周圍環繞的是一個單獨的電子，抵消了原子核的電量。碳原子的原子序為 6，所以核心有六個單位的正電，由六個電子包圍著核，形成中性的原子。王國南海岸的圓石，原子序都接近 100，因此每個原子都有一百個左右的電子。

大約就在這個年代，精確測定原子核質量的實驗方法也發展出來了。終於，在整整一個世紀之後，科學家可以驗證道耳呑所說的「同一種元素的所有原子都相同」是真是假了。但是令大家跌破眼鏡的，實驗結果竟然推論出：道耳呑的推測是錯誤的！

原來，元素原子的質量是有好幾個數值的。由於所有這些原子，不管質量是否相同，仍然屬於同一種元素，因此共稱為「同位素」，這是源自希臘文中「同樣位置」的意思。在週期王國中，某些元素只有一種或最多兩三種同位素（特別是較輕的元素），但王國南部較重的元素就不同了，它們通常是由數十種同位素組成的。這顯然跟我們曾經察覺到的一樣——原子的質量並不是王國各元素區域的基本特質。

因為中子數量不同

我們已經了解，元素的原子有著獨一無二、很有個性的原子序，然而原子量卻會在特定的範圍內變化。這提醒我們，原子核本身也是有內部構造的，也就是說，它是由更小的實體組成的。

於是後來便出現一種解釋的模型：第一是，每個原子核含有一群帶正電的基本粒子——質子，數目與元素的原子序一樣，因此所有氫原子的原子核裡都有一個質子，所有碳原子的原子核都包含六個質子，而所有鈾原子的原子核都擁有九十二個質子。這些數目字是不變的，如果改變了的話，就等於換成了另一種元素，因為那是唯一能描述元素的識別證。其次是，每個原子核裡還含有不同數目的中子，這是一種除了不帶電以外，與質子完全相同的基本粒子。

原子核裡的中子個數並不會影響元素的一致性，它只會造成不同的質量而已。一般來說，每個元素的中子數通常和質子數一樣，或是稍微多一點，但數量卻可能有變化，這是為什麼會有同位素的原因。例如碳，大部分的情況都擁有六個質子，再加上六個中子；但是碳元素也有含七個中子或八個中子的同位素。在王國南部，中子數的範圍比較廣，因為必須有較高比例的中子，才能使這些含有許多質子的原子核聚結起來。舉例來說，鈾擁有九十二個質子，伴隨的中子約有一百五十個，而一百四十六個是最常見的數字。

站在巨人的肩膀上

綜合上面的敘述，我們現在可以體會，為什麼原子量會與王國的週期性大致相關，以及為什麼有時候又會出差錯了。

首先我們必須注意到，元素的許多性質都是由環繞原子核的電子數及排列方式所決定的，這是因為電子很容易就可以變更排列形態，甚至有些還可以脫離原子。

由於原子的總帶電量為零，所以電子的數目一定得與原子核內的質子數相同，因此我們推測，元素性質也會和它的原子序有關聯。但是原子核裡的中子數卻是隨質子數一起增加的，而且增加的幅度還稍微大些，所以當電子數增大時，質子和中子的總數也會跟著變大。由於核內的粒子數就決定了原子的質量，所以我們推論，元素的原子量與它的性質（即相當於元素的電子數）之間也產生了關聯。

不過還有相當重要的一點，大家得注意：除了在特殊情形下，我們所測出的原子量其實並不是單一原子的質量，而是實驗樣品的平均質量，因為實驗樣品通常都包含了好幾種同位素。這麼一來，我們就不能保證平均原子量會剛好亦步亦趨，跟著原子序一同增加了，因此可以預期的，以原子的質量繪出的王國地形圖中，會有一些稍微的不連續處。

所以囉，元素性質與原子量的關聯不可能會太準確；正是這點，使得門得列夫不得不讓步，教自己假設或許是有些數值測錯了。至於站在巨人肩膀上的我們，既然已經可以從更有利的高度上審視原子的現象，自然就能夠看清楚發生偏差的原因，並且有能力加以解釋了。

37 38 39 41 42 43 44 45
Rb Sr Y Nb Tc Ru Rh
87.6 88.9 92.9 98.0 101.1 102.9
56 73 75 76 77
Ba Hf Ta W Re Os Ir
137.3 178.5 180.9 183.9 186.2 190.2 192.2
104 105 106 107 108 109
Rf Db Sg Bh Hs Mt
261 268 271 270 277 276

第九章

外部法律

59 60 61 62 63
Pr Nd Pm Sm Eu
140.9 183.9 145 150.4 152.0
92 93 94 95
U Np Pu Am

我們現在必須將注意力轉移到原子核之外更大的部分，也就是電子居住的地方。各種化學活動都是在這裡發生的；而且我們還可以找到王國元素之間，產生差異性與相似性的原因。

長久以來，許多人一想到原子時，心中仍會不自覺的浮現出一幅想像的情景：微小的電子像行星一樣，繞著像太陽的原子核運轉。這幅景象是在 1904 年由日本物理學家長岡半太郎（Hantaro Nagaoka, 1865-1950）提出來的。當時還屬於發展原子理論的早期階段。

隨者量子力學興起後，這幅景象就讓完全不同的觀念取代了。因為電子具有類似波的性質，所以在描述物質行為的新方法中，已認為電子不可能依循固定的軌道運行。我們即將要討論的模型，是由奧地利物理學家薛丁格（Erwin Schrödinger, 1887-1961，諾貝爾物理獎 1933 年得主）於 1926 年整理記述的，除了日後有些許修改外，直到今天，它依然是廣為接受的模型。

歡迎光臨原子軌域

氫原子包含一個電子，以及由一個質子構成的原子核。在目前的氫原子圖像中，電子分布在球形的雲狀物中，圍繞著原子核。雲層的密度用來表示電子出現的可能性，最濃密的地方是原子核，而離核愈遠就愈稀薄。因此最容易發現電子的所在，就在原子核那裡。

電子這種雲層狀的分布，有個專有名詞稱為「原子軌域」。所謂的「軌域」是用來傳達一種較不精確的概念，與行星的「軌道」是有所區別的。不過，不精確並不意味無法清楚解釋實際情況。事實上，雲層每一點的密度都可以明確計算出來，而且軌域的外形也是確實已知的。我們所說的不精確，原因在於無法直接指出電子在軌域裡的位置。我們不敢確定電子會跑到哪一點上；唯一能做的，只是表示出它可能出現在那裡的「機率」，而且還相當準確。

有些人主張，缺乏精確性就代表我們對這個東西並沒有完整的認識。可是更適當的說法是，古典物理描繪出的景象，會使人誤認我們知道的比實際上可能的還詳盡。就我的觀點來講，應該這樣說才對：量子力學是真實的展現出我們對週期王國的了解，而古典力學卻誇大宣傳了太多我們其實不清楚的事情。

氫是王國中的典型原子，要窺探王國的外部法律，氫區域正是一個起點。不過在我們繼續法制巡禮之前，還得再說明幾項資料。首先，我們必須知道氫的球形軌域稱為「s 軌域」。雖然直接把 s 想成代表「球形」（sphere）是滿方便的，但這只是巧合。事實上，它真正的起源與光譜學有很深的關係：s 是「鮮明」（sharp）的簡寫，用來形容某些光譜線的樣子。

其次，我們還得曉得，軌域有各式各樣的不同形狀，甚至連球狀的 1s 軌域都有很多種類。譬如說，如果有足夠的能量輸入氫原子中，電子的軌域可以膨脹成第二類的 2s 軌域（假使第一種軌域稱為 1s 軌域的話，那後來那種自然就應該叫做 2s 軌域）。在電子形成 2s 的分布情形時，我們就說它「占有」了 2s 軌域。

隨著供給能量的增加，電子的軌域還能繼續膨脹，占有 3s 軌域（它的樣子是兩個同心的外圍雲層包圍著中心的雲團），甚至達到更高的 ns 軌域。（譯注：n 是指大於 3 以上的整數，並意味著可以增大到很大的數值。）讀者可參考次頁圖示。

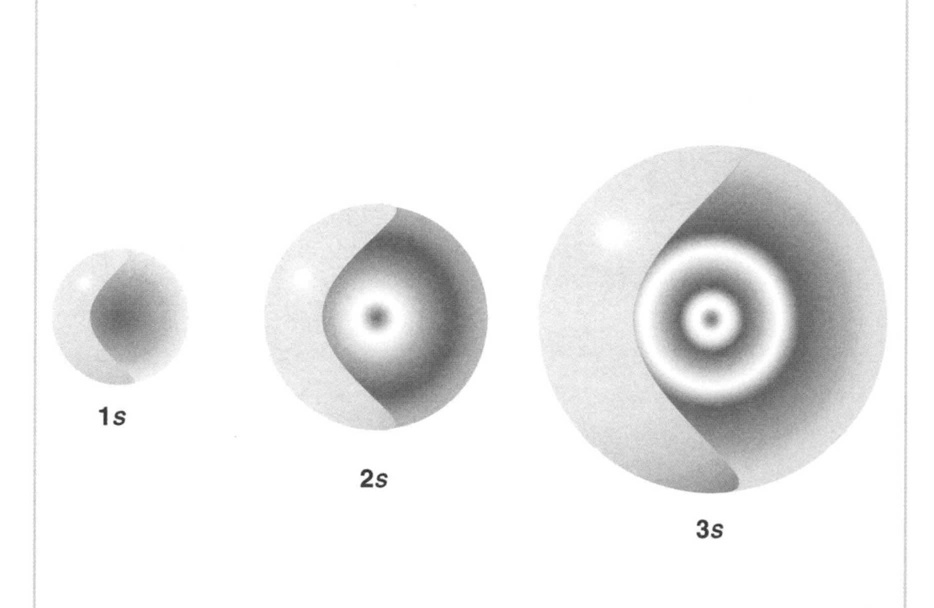

與1s、2s及3s軌域對應的電子分布示意圖。
請注意這些軌域都是對稱的球形，而且在每種軌域中，電子都可能出現於原子核，也就是中央雲團的中心點。圖示的色彩濃淡，是表示在任一個通過原子核的切面上，電子出現在那些位置的可能性。

氫原子的基態與激發態

現在我們遇到的是王國特質的幾種較複雜概念中的一種。想要了解王國結構的話，您勢必得全盤精通才行。

當電子得到足夠能量而占有 2s 軌域時，其實它也可以形成另外一種完全不同形狀的雲團：有兩個瓣的 p 軌域。這類雙瓣的軌域有三種，區分的根據是雙瓣排列的方向究竟沿著假想空間的哪一軸：若是沿著 x 軸，就稱為 $2p_x$ 軌域；沿著 y 軸，就稱為 $2p_y$ 軌域；沿著 z 軸，就稱為 $2p_z$ 軌域。

p 軌域有個很有趣、但看起來微不足道的特色，等一下我們會討論到。這對於王國構造的成因具有關鍵性的影響力，就是：電子只會出現在兩瓣軌域裡，絕對不會出現在兩瓣中間、切過原子核的假想平面上。這個假想平面稱為「結面」。在 s 軌域裡是沒有節面的，所以裡面的電子可以出現在原子核。而每個 p 軌域都有一個這樣的結面，因此占有 p 軌域的電子不可能在原子核出現（請見次頁圖）。

我們將會看到，這種看似不太重要的差別，竟然成為湧現強大王國的泉源。

等足夠的能量再輸入氫原子內，它的電子就能占有 3s 軌域；具有這麼高能量的電子也可以占有三個 3p 軌域之一。3p 軌域基本上是剛才提到的 2p 軌域的膨脹形態，或者是更複雜的分布方式。還有，此時的電子也有權利選擇是否成為五種 d 軌域之一，也就是有四個瓣的雲狀分布。這很難用圖畫表示為什麼會有五種這類軌域，不過的確是有五種存在。

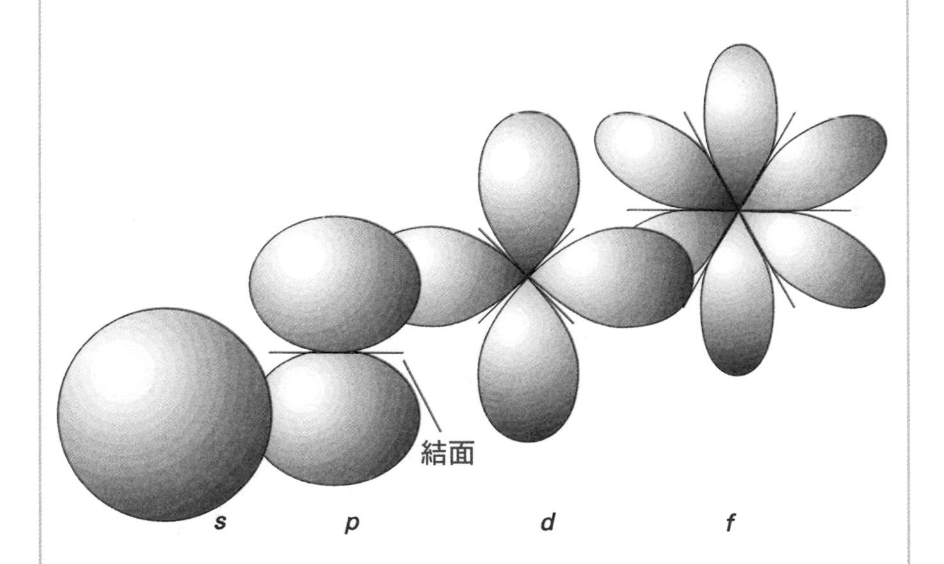

s、p、d 與 f 軌域的一般形狀。
事實上，在一個特定的能階上，會有三種 p 軌域、五種 d 軌域及七種 f 軌域，不過這裡只有畫出最具代表性的一種。P 軌域的兩瓣各位於切過原子核的假想平面兩側；d 軌域有兩個這種切面，f 軌域則有三個。

現在，一個電子在氫原子裡可能分布的形態已經相當清楚了。我且作個簡短的段落總結：在能量最低的狀態，也就是原子的基態，電子具有 1s 軌域的球形雲狀分布特徵。能量增高時，電子分布方式會膨脹成較大的 2s 軌域，或是三種 2p 軌域之一，可用的軌域有四種。能量再增高後，電子可以分布在 3s 軌域、三種 3p 軌域之一，或五種 3d 軌域之一，可用的軌域共有九種。能量又更高更高時，電子就能選擇分布在 4s 軌域、三個 4p 軌域之一、五個 4d 軌域之一，或是七個六瓣的 f 軌域之一，可用的軌域共有十六種。同樣的情節可以一再上演，不過到了這個階段即可，我們不需要再進行下去了。

此外，我們提過，s 在光譜學中是代表「鮮明」的意思。那麼 p、d 與 f 又分別代表什麼意思呢？p、d 與 f 也是用來描述光譜學上的特徵，分別指——「主要」(principle)、「擴散」(diffuse) 及「精細」(fine)。

軌域數目與四大方塊

讀者可能感到有點迷惑，為什麼我們要花費那麼長的時間來討論氫的激發態呢？明明宇宙間幾乎所有氫原子都是處在基態的啊！王國目前總共有 111 個不同的區域，但裡面只有一個是氫，到底王國的結構會跟這些即使在氫原子中都很少發現的狀態，有什麼關係呢？

事實上占用這些時間絕對是值得的，一會兒之後，藉由幾個字母與數字，我們就會看出端倪了。

首先，來考慮一下這些字母。氫原子中的電子可以占有的是 s、p、d 及 f 軌域，這是根據它們的瓣數來區別的；另一方面，您還記得嗎，這些字母也分別是西部矩形地帶、東部矩形地帶、中部地峽和南方島嶼的正式名稱。這種相同的使用方式並不是巧合，我們很快就能了解，在氫的那些能量鮮少能達到的地方，與王國的地區配置之間有怎樣的關聯。

接下來，我們考慮一些數字。基態時的電子只能據有一個軌域，而在第一個較高能量的狀態下，可用的軌域有四個。現在我們發現有某種關係逐漸成形了：週期一有兩個元素（氫及氦），而週期二有八個元素（從鋰到氖），都恰恰好是我們剛才提到的軌域數的兩倍。事實上，如果我們僅僅計算東部矩形地帶和西部矩形地帶的話，每一列都正好有八個元素。s 方塊的行數（兩行）正好是固定能階下 s 軌域數的兩倍，p 方塊的行數（六行）也正好是任一能階下 p 軌域數的兩倍；這可能是巧合嗎？

再想想看 d 方塊，王國每一週期中，通常有十個地峽元素，又恰巧是任一能階下 d 軌域數的兩倍。不過到了 f 方塊時，事情就有點古怪了，南方島嶼的每一行有十五個元素，而固定能階的 f 軌域數是七個，這與我們原先推想的，應該是十四個元素不同。

不過我們曾經指出，在這個地帶上有戰役在蔓延著，而該如何將島嶼和大陸之間的疆界劃分開來，也還一直爭執不休。所以讓我們換個角度來看：我們先數一下王國整個週期六，包括南方島嶼北邊狹地的區域總數，一共是三十二個，而軌域的總數則是 1 加 3 加 5 加 7，等於 16；所以元素數目又恰好是軌域數的兩倍！因此，即使南方島嶼劃分的方式仍有爭議，元素的數目仍然與可用的軌道數維繫著密不可分的關係。

鮑立的不相容原理

由這點看來，我們似乎已經得到確認王國中央政府的線索了；或者至少是確認了省級行政單位，也就是四大方塊如何布局的程度了。但是氫的激發態到底與王國有什麼關聯呢？

現在，我們就來把所有論點的繩索拉在一起，介紹一種嶄新又特別的法則，然後展現出彼此相互依附、如膠似漆的關係。

根據 1913 年，丹麥物理學大師波耳發表的「架軌域原理」概要，化學家就這麼想像著，如何以氫原子的特性軌域為基礎，一個接一個的填入電子，以建立起整個王國。例如氦，它有兩個電子，架構的方式是將第一個電子放入像氫一樣的 1s 軌域中，之後還能容許第二個電子加入。換句話說，如果我們將氫原子的電子組態表示成 $1s^1$，其中的上標是代表占有這個軌域的電子數，那麼氦就會是 $1s^2$。不過，這兩種原子的 $1s^1$ 軌域並不完全相同，因為氦原子核具有較高的正電荷，會把周圍的電子雲拉得較為緊密；只是形狀還是大致相同的，因此我們這樣標記才有意義。

現在考慮鋰，它有三個電子。鋰這個元素可以幫助我們發現王國行政體系的重要特徵。首先我們必須知道，已經有兩個電子的 1s 軌域，不能再讓第三個電子加入了。這是王國的基本法律，法律條文就是這麼要求：電子兩個、兩個的進入軌域中，而且一次不能超過兩個。這使得電子陷入跟諾亞方舟上的動物相同的處境。

週期王國的這道基本法律是依據 1924 年，出生於奧地利的物理學家鮑立（Wolfgang Pauli, 1900-1958，諾貝爾物理獎 1945 年得主）所提出的「不相容原理」：不能有超過兩個的電子占有同一軌域。

不相容原理是量子力學中非常深邃的原理，往上追溯的話，可以發現它的基礎埋藏在時空的構造中；而且它可能是掌管這個想像國度的所有定律中，最最深奧的一個，也因此它掌控了真實的世界。因為，週期王國畢竟不是完全虛構的，它與現實世界仍然有密切的關係。並沒有哪一幅圖畫可以闡明這個原理，讓人一目了然；它是由某些人直接銘記在專門鐫刻定理的石碑上，而流傳下來的。

先到王國西北岬角上一課

由不相容原理推論，我們知道鋰的電子組態（電子在軌域中的配置方式）不可能是 $1s^3$，因為把三個電子排在同一軌域是不允許的。第三個電子必須進入更高能量的軌域中，而不是停留在已經擁有兩個電子的軌域。我們等一下就會了解到，為什麼第三個電子有必要在氫的較高能量狀態中旅行；不過接下來我們要先面對的問題是：在包含四個可能軌域的第二層能階上（包括 2s 軌域及三個雙瓣的 2p 軌域），第三個電子該占據哪一個軌域呢？對氫本身來講，這四個軌域的能量都一樣，因此沒有什麼選擇的問題，然而在擁有一個以上電子的原子裡，四個軌域的能量就不會完全相同了。

這就是為什麼結面的存在，會成為湧現強大王國的泉源。請回想一下，我們曾經說過，在任何一種 s 軌域中，電子都可以出現在原子核，但在其他軌域就不同了。請把這點謹記在心裡，然後試著想像在鋰的 2s 軌域中，電子分布的情形。

第三個電子主要是散布在外殼的雲層中，包圍著裡面那個已據有兩個電子的球形 1s 軌域，兩個內層電子可以很有效的抵消原子核內兩單位的正電；至於最外面的電子，我們稱做「2s 電子」的，只會抵消掉部分正電荷，因為它被內層電子「遮擋住」了。不過 2s 軌域是個有中心核的雲層，這表示占有這軌域的電子還是有機會直接侵入原子核，並且完全抵消掉正電荷。因此到目前為止，對 2s 電子來講，原子核只是部分被遮住而已，穿透力有時候還是能克服遮擋作用。

接下來請想像 2p 電子（占有 2p 軌域的電子）。由於有結面存在，這種電子是完全給排除在原子核之外的；原子核的正電荷對 2p 電子的拉力更是完全被擋住了，因此電子不會給束縛得很緊。換句話說，因為遮擋作用與穿透力的交互影響，2s 軌域的能量（2s 電子被抓得比較緊）會比 2p 軌域低。所以鋰的第三個、也是最後一個電子，將會進入 2s 軌域，而不是進入 2p 軌域，於是電子組態就變成 $1s^2 2s^1$。

在王國西北岬角所上的這一課，很值得反覆細讀，因為它真的教了我們很多東西。等讀者完全吸收這課的內容後，再按照架軌域原理，立刻就能明白王國其餘部分的電子組態了（嗯，就算不能「立刻」明白，也是「很快」就能明白）。

首先，占有軌域的順序是由鮑立不相容原理來決定的，也就是：任一軌域不能有超過兩個以上的電子。其次，遮擋作用與穿透力的互動，使得在同樣的能階中，2s 軌域的能量比 2p 稍微低一點。引申來講，如果可能有其他軌域出現的時候，ns 及 np 兩種軌域的能量都會比 nd 軌域低，接下來 nd 軌域的能量也會比 nf 軌域低。由於在 s 軌域中沒有結面，所以電子會出現在原子核；p 軌域有一個結面，電子會被排拒於原子核之外；d 軌域有兩個交叉的結面，對電子的排拒力更大；f 軌域有三個這種平面，所以排拒力更是大得多了。

開車穿越王國

我們現在已經具備充分的知識，可以開車穿越整個王國了。

再回頭看看鋰，它有一個單獨的 2s 電子圍繞在內部兩個 1s 電子雲層外面。其實這個內層電子雲與氦的電子雲很相似，我們就把這個像氦一樣的內層稱為〔He〕，因此鋰的電子組態就表示成〔He〕$2s^1$，以強調它有一個電子包圍著裡面像貴重氣體電子雲的核心。

我們再往鈹走。鈹有四個電子，第四個電子會成為進入 $2s^2$ 軌域的第二個電子，因此這個原子的基態（它最低能量的狀態，也是大部分原子所呈現的狀態）應該是〔He〕$2s^2$。如今 2s 軌域已經填滿了，而且我們也來到了西部矩形地帶的東緣。

接下來越過北海灣來到硼。為了組成硼，所需補充的第五個電子，將會進入三個 2p 軌域之一，這些能量稍高的雙瓣狀軌域已經等候多時了。所以硼原子的電子組態是〔He〕$2s^22p^1$。

在這裡請注意兩點觀念。較次要的一個是，先占有三個 2p 軌域中的哪一個無關緊要，它們的能量完全相同，只是雙瓣在空間中的方位不同而已。另外較重要的一點是，隨著電子開始占有 p 軌域，我們發現自己已經置身於東部矩形地帶的西緣，也就是 p 方塊的起始點了。現在，方塊名稱的起源也變得明朗起來，它們與接連加入的電子所逐漸填滿的軌域是一致的。

東部矩形地帶有六個直行；而 2p 軌域有三個，每一個都可以容納兩個電子。所以當我們從硼到碳、氮、氧、氟，每往東走一步，就等於再往三個 2p 軌域丟下一個電子，最後到達氖。在這裡我們填入第六個 2p 電子，因此氖原子的電子組態是〔He〕$2s^22p^6$。如今 2p 軌域已經滿了，而且我們也抵達了東部矩形地帶的東緣。為了往後簡單起見，我們且把像氖的電子排列方式表示成〔Ne〕。

發現王國的週期基礎

旅程進行到這裡，我這位嚮導建議大家先停歇一下，注意兩個相關的景象。

第一個是關於家族的號碼，也就是地圖上的直行。第七章裡曾說過，門得列夫與他的徒子徒孫是用 I 到 VIII 來編號西部和東部矩形地帶的家族，我們現在可以理解，這些數字其實就是最高能階的軌域中的電子數。所以屬於家族 I 的鋰在氦電子雲層核心之外有一個電子，家族 II 的鈹有兩個，家族 III 的硼總共有三個（包含兩個 s 與一個 p），然後繼續到最東邊，家族 VIII 的氖有八個外層電子。家族編號與外層電子數相符，這是許多人採用舊有標號的最有力理由。

第二點則是有關橫列的週期號碼，我們已經提過，它是從北邊的一開始，往南逐一增加的。週期的編號其實就是原子最外面的軌域階數。因此，週期一的氫及氦占有 1s 軌域；剛才討論過的週期二，是 2s 和 2p 軌域在最外層；一排排接續下去，我們可以預料到，接著會占有的是 3s、4s 等軌域。所以週期數就是用來辨別原子裡的同心層狀結構的階數。

現在繼續我們的旅途。第十一個元素是鈉，它有十一個電子，比氖多出一個。可是氖的 2s 和 2p 軌域都滿了，因此新增的電子不能加入它們。事實上，在這個能階也沒有多餘的軌域了，根據不相容原理，這個新電子只得去占有更高能量的軌域。於是它進入了下一個可用的軌域——3s 軌域，這也是由於穿透力和遮擋作用交互影響的結果。所以我們推知鈉原子的電子組態是〔Ne〕$3s^1$。

到達旅程的這個階段時，你們的嚮導相當堅持要車子停下來，請大家看看窗外。這時，一種王國的特別景象突然躍入眼簾：新加入這個電子後，整個電子組態非常類似我們之前經過的鋰。

鋰具有〔He〕$2s^1$ 的構造，也就是在類似貴重氣體電子雲的核心外，有單一個 s 電子；而鈉則是〔Ne〕$3s^1$，同樣也是在類似貴重氣體電子雲的核心外，有單一個 s 電子。也就是說，我們見到了電子組態的週期性。在王國的原子中，相似的電子構造會一再循環出現。事實上，我們現在可以理解，為什麼鈉和鋰會位於相同的家族了，因為它們擁有類似的電子組態！

我們也開始了解到，整個王國的基礎，也就是週期性質的呈現，其實是「電子組態的週期性」這種深層規律的外在表現。等車子重新發動，沿著令人敬畏的知識山脈前進時，大家就可以看見這種觀念的真實性，就好像車子前方極遠處的景致，隨著車行向前，而逐漸在我們眼前鋪陳開來，愈加明晰可辨。

以簡馭繁

接下來行進到區域十二「鎂」，它的電子組態是〔Ne〕$3s^2$，與正北鄰鈹（〔He〕$2s^2$）相似，正如我們所預期的。元素十三是鋁，由於 3s

軌域填滿了，它所需的新增電子只得由 3p 軌域收留。因此我們預測鋁會出現在東部矩形地帶的西緣，而且電子組態是〔Ne〕$3s^2 3p^1$，正好位於硼（〔He〕$2s^2 2p^1$）的南邊。

事實的確是如此。這種模式會在東部矩形地帶繼續下去，直到抵達最東緣的氬（〔Ne〕$3s^2 3p^6$），第三能階的 s 及 p 軌域都滿了。這時候，我們又再度踏上貴重氣體所在的沿岸平原了。

在氣象萬千的東海之濱，我們且先停車熄火，好好聊一聊幾個觀念。

週期王國其實還有許多景觀，比我們剛才所觀賞到的更值得敬畏。整個王國是依據實驗傾向的描述、對家族關係的認識，以及區域聯盟的形成，而建立起來的；在有系統的歸納下，可以整合成許許多多的化學知識。到目前為止，我們只是看過一部分而已。而現在，僅運用幾種少得驚人的概念，包括原子軌域、不相容原理，以及穿透力和遮擋作用之間的相互影響，我們就已經達到能合理說明週期王國的程度了。以這些極少數的觀念，可以解釋杜布萊那、紐蘭茲、奧德靈、邁耶及門得列夫等人所做的觀察，這真的是非常偉大的成就。

我也得指出一些國境內較次要的特點，這些特點不太與景色相關，而是字彙的問題。大家必須知道以下這些用語。我們一直稱做軌域「能階」的，其實正式名稱是「殼層」，也就是說，1s 軌域（該能階僅有的軌域）本身形成了原子的第一道殼層，第二能階的 2s 及 2p 軌域共同組成第二道殼層，然後是 3s、3p 和 3d 軌域，一起形成第三道殼層。這些殼層可以想像成類似洋蔥皮的東西，第二個殼層包住第一個、第三個殼層裹住第二個，一層包覆著一層。

在同一個殼層中，相同形態的幾個軌域（具有相同的瓣數）稱為構成了那個殼層的「次殼層」，因此 2s 軌域是原子第二道殼層的一個次殼層，而三個 2p 軌域共同構成了同殼層裡的另一道次殼層。當次殼層裡已有足夠的電子時（s 次殼層需要兩個、p 次殼層要有六個、d 次殼層要十個，f 次殼層需要十四個電子），我們說那個次殼層已經「滿了」。

如果一個殼層裡的 s 及 p 次殼層都滿了，那麼這殼層本身也滿了。不過 d 和 f 次殼層的處理方式稍微有點不同，有異於它們較具影響力的親戚（s 及 p 次殼層），因為就一般來講，d 及 f 次殼層是否填滿，並不影響殼層是否已填滿的認定。

最後，原子最外面那道殼層，包含著最後幾個組成原子的電子所占有的軌域，就稱為「價殼層」，而所有內層電子則構成「核心」。等我們討論到原子生成的鍵結時，「價」這個名詞會再度出現；到時候，我們會了解最外層電子的功用——如何掌控化學鍵的形成。

橫越地峽

懂得這麼多字彙後，我們就要勇闖中部地峽，在兩個矩形地帶來回穿梭。車子重新發動後，我們直接來到週期三的盡頭，也就是貴重氣體氬。到了這裡，第三道殼層就滿了，於是我們將電子組態表示為〔Ar〕。往原子核再加入一個質子，也就是外面多一個電子後，會把我們帶回遙遠的西部海濱，抵達電子組態為〔Ar〕$4s^1$ 的鉀，北邊是它的親戚鈉和鋰。接下來往東走到鈣，〔Ar〕$4s^2$，位在它北邊的是鈹與鎂兩個鹼土金族親戚。可是到達這裡以後，王國的規律特色開始發生了變化。

現在終於輪到 3d 軌域出場了，這次我們的車子不再直接跳躍到東部矩形地帶去，而是碰觸到了地峽西側的邊界。接下來，電子會逐一占有五個 3d 軌域，我們從鈧（〔Ar〕$4s^23d^1$）走到鈦（〔Ar〕$4s^23d^2$），一路東行，來到鋅（〔Ar〕$4s^23d^{10}$）。這時，我們已經位在地峽東緣，滦 3d 次殼層已經填滿了，因此再下來的電子只得占有 4p 軌域。所以接下來，我們腳底下又是熟悉的東部矩形地帶（也就是 p 方塊），一路又東行，最後在氪結束。

我們應該注意一下，第一個含有地峽的週期是相當長的，然而要解釋它的存在卻那麼自然。這就是科學力量的證明：一個新的現象出現時，不需要另一個不同的原則，就可以把它闡述得很清楚了。

完成週期之旅 »»»

車行到這裡，大家對王國北半部的規律應該已經了然於胸。接下來的週期五，又會重複一次我們剛才在週期四描述過的結構，並且輪到 4d 軌域登場。

您聽呢，在王國地底深處，不相容原理與結面奏起了美妙的旋律，而且不停傳播到人類能感知的地面上，使得元素也隨之起舞了。

不過在週期六，又有另一個規律出現了。終於，六瓣的 f 軌域登場，於是南方島嶼由海中升起。十四個電子依序填滿了稍微有點定義不明的島嶼北邊狹地，所以 f 軌域也滿了，我們又回到地峽繼續往東駛下去，而且很快來到東岸盡頭。這裡是東部矩形地帶的危險南緣，整個週期在氡結束。然後另一列、另一個週期，以及在地峽前的另一條南方島嶼狹地又重新開始。不過，週期七的地峽還沒有開發完全，因為東邊的區域還隱沒在海底下。

開車穿越王國的旅程就到此告一段落了。在這一章裡面，我們不僅學到非常合理的王國週期特質的解釋，也證明了繪圖師的王國與圖畫法是正確的。

37 38 39 41 42 43 44 45
Rb Sr Y Nb Tc Ru Rh
87.6 88.9 92.9 98.0 101.1 102.9
56 73 75 76 77
Ba Ta W Re Os
137.3 178.5 180.9 183.9 186.2 190.2 192.2
104 105 106 107 108 109
Rf Db Sg Bh Hs Mt
261 268 271 270 277 276

第十章

區域的管理

59 60 61 62 63
Pr Nd Pm Sm Eu
140.9 183.9 145 150.4 152.0
92 93 94 95
U Np Pu Am

在〈物理的地貌〉一章裡，我們已環視過整個王國，發現有一些區域性質是隨著南北向或東西向而變化的。以不同物理性質的觀點來看，有的王國地貌由西北岬角向東南盡頭處斜降下去，也有的地貌呈現其他的景致。

有時候，我們會看到山脈及縱谷，這並不表示王國地形是雜亂無章的；甚至連各個元素區域，固然氣象萬千，也似乎都很有系統的聚集在一起：金屬散布在遼闊的西部沙漠上，非金屬則位在東部矩形地帶；居於反應活性高峰的鹼金族坐落於西海濱，另外一種高反應活性的鹵素族則位在遙遠的東邊。

週期王國是個規律分明的地方。我們也已經了解，規律是原子的電子組態週期特性的外在呈現；現在，經由這個觀點，我們就可以來探討王國內部管理的區域差異，也可以觀察元素性質隨著地區不同而變化的方式。

再看原子量與原子直徑地貌

我們最先看的是原子量這個性質，它在王國裡的變化幾乎是完全規律的（請回頭參考第三章〈物理的地貌〉圖示）。我們已經解釋過，這是因為當原子序由氫的 1 增加到南海岸的 111 時，原子核中的質子與中子數總和也會隨之加大的緣故。由於原子量是計算試驗樣品的平均質量得來的，裡面可能包含了好幾種同位素混合物，而不是僅有質量獨一無二的單種原子，因此在近乎完美的漸升地形中，偶爾會出現下陷的地方。

然後我們再觀看的是原子直徑的地形圖。整個地勢大致從西往東下降，而從北向南上升，不過很特別的，在南海岸高度並沒有增加。陸地由北向南攀升，是由於王國中每往南跨一個週期，相對的原子就會多擁有一個新的電子殼層。例如鋰，它有一層由一個電子形成的空洞殼層，圍繞在像氦的核心四周；至於往南的下一個元素鈉，也擁有一層由一個電子組成的類似殼層，只不過現在裡面裝的是像氖的核心，在更裡面還有個像氦的核心；隨著家族向南移，同樣的情形會一再重演。

所以我們知道，在接連的週期中，原子內的電子殼層就好像是一層層往外包的洋蔥皮一樣，使得原子逐漸膨脹。

但是在同一週期內，原子由西往東收縮，可能就不是那麼容易解釋了，因為乍看之下，電子數增加，原子竟然還變小，是滿不可思議的。不過，我們也不要忘了原子核所扮演的角色。當我們沿著任一週期向東走時，原子核中的電量增強了；在接連下去的元素內，增大的原子核電量會對周圍電子產生更大的吸引力，把它們更往內拉。雖然電子數也增加了，電子之間的排斥力也會加大，形成對抗收縮的力量，但是收縮力通常（可以說幾乎在所有地方）都勝過擴張的傾向。因此我們在週期王國往東移動時，原子直徑地貌的高度是往下滑的。只是，在接近地峽東端及其他一兩個地方，還是會出現悖離一般趨勢的情形，地形不降反升。因為在這些地方，電子與電子的相互排斥所造成的擴張力，都在競爭中獲勝了。

看哪一種力量占優勢 »»»

談到這裡，有一個很重要的哲學觀點是我們不能忽略的。

我們知道，原子直徑的地形是往東斜的，然而偶爾也會有稍微的上升，這是由於兩種力量之間巧妙互相平衡的結果。原子核吸引力只是剛好掌控了地勢、讓它往東斜而已，如果它變得弱了一點，王國就會往另一個方向傾斜了。

王國景象是由大致均衡的力量來決定的，這是各種現象的共同特徵，同時也是整個化學的特點。這也就是為什麼化學是如此微妙的一門學問，為什麼想預測結果會那麼困難的原因了，因為我們很難事先評估，到底是這種或是那種效應會取得主導地位。週期王國就好像是各黨代表數幾乎相等的議會民主政治，有時候左派獲勝，有時候是右派獲勝。

話雖如此，我們還是必須說明原子直徑地形圖南邊土地的特殊高度變化——並不因原子量的增加，使得原子直徑地形的高度明顯上升。讀者假如先把南方島嶼拉回王國大陸，放在屬於它們的船塢，而形成較狹長的第二道地峽（由包含鑭系元素的週期六與包含錒系元素的週期七所構成）時，就會明白為什麼會有這種特殊地形高度的變化了。

關鍵在於 f 方塊元素剛好在這個時候出現，因此 f 電子應該就是造成這種地勢高度的原因。於是我們至少也可以做出部分的解釋：當我們沿著第二道地狹由西向東走時，原子核電荷會逐漸增加，所以我們預測原子將會收縮。其次是，f 電子分布在很像紡錘狀的雲團裡，它們並不能有效的將外殼層的電子與核內增強的電荷隔離開來，因此可以想見的是，原子核的吸引力仍然會成為主宰的力量，使得 f 方塊的原子同樣由西向東逐漸收縮變小。

走過了 f 方塊，又來到真正的地峽（d 方塊）之後，我們就察覺到，如果沒有發生收縮的話，原子一定比現在大得多了。事實上我們還發現，雖然地峽這一週期的原子序、電子數和質量都已經顯著增大了，原子直徑卻比上一週期的增加不了多少。於是，等我們再把南方島嶼的元素又拖回海洋後，留下來的陸地高度就是目前這個樣子了。

再看密度與游離能地貌

現在，再來看看西部沙漠的金屬密度地形。

就像我們在第三章看到的，接近南海岸的地方達到了喜馬拉雅山脈的高度，特別是在鋨和銥兩個區域，並且還綿延到鉛。這也是因為在填充電子以架構元素原子的過程當中，有 f 軌域插進來的緣故。所以那一帶的元素原子雖然原子量已經很大了，原子直徑卻沒能增加多少，密度當然就如「世界屋脊」般高了。

你看，雖然 f 軌域是這麼抽象的概念，卻時常會湧現出來，影響真實的世界。下一次你使勁揀起鉛塊時，不妨想想它密度的起源——它是那麼的抽象，可是又有統治王國的能力。

中部地峽（d 方塊）原子直徑的相似性，是另一個由觀念的底層浮現出的氣泡，對真實國度的科技及商業也產生了效應：主要就是因為直徑近似，使得地峽元素很容易就能混合在一起，形成我們稱為「合金」的物質。

直徑近似的元素，為什麼容易混合在一起呢？打個比方吧，那就像雜貨鋪老闆常做的，可能僅需一點技巧，就能輕易把蘋果和橘子堆在一起，但他卻很難把橘子和檸檬聚成堆。同樣的，冶金家也可以把中部地峽的原子互相摻合，混合鉻、錳、鎳或鈷到鐵裡面，形成現代工業或日常生活所需的特殊合金。

在這裡，我們應該體認到，因為有了「d 軌域的電子」這種深埋在王國地表底下的抽象概念，才使得科技能夠一日千里。

接下來，讓我們轉移目標，注意哪些原子的電子是很容易被拉開，而變成帶正電粒子（陽離子）的。

在第三章裡我們已看到，游離能的王國地形圖所顯示的規律，比原子直徑的地形圖更難以捉摸。不過大致說來，游離能地貌在西南邊較低，然後往東北角氦的地方升高；說得更概括一點，是在西部沙漠的地區較低，而在非金屬區的東部矩形地帶較高。

一般說來，這個地形傾斜的方向是與原子直徑地形相反的。因為我們預測，如果原子核的吸引力還占有決定性地位的話，游離能地貌的傾斜趨勢就應該如此。我們可以走一遍親自體會一下：當我們由西南向東北前進時，原子愈來愈小，而且外層電子也愈來愈靠近原子核；由於原子核對電子的掌握力加強了，使得游離能因而升高。

至於在整個西部沙漠的範圍內，游離能都是非常小的，原子很容易就失去電子。結果是，在這些元素構成的金屬固體裡，陽離子就像橘子一樣堆疊得整整齊齊的，成陣列狀排開，還緊密聚集在自由電子所構成的汪洋裡。假如是在東部矩形地帶的東北邊，絕對不可能這麼簡單就失掉電子，那裡不僅原子小，電子也牢牢吸附在原子核身邊，因此那些區域不會成為金屬。

陽離子出現了

由於我們已經充分明白電子組態的特性了，根據這些知識，我們還可以用許多不同的方式，來充實自己對於游離能地形圖的認識。

首先，我們已經知道第二游離能（想移去第二個電子所需的能量）要比第一游離能大，因為第二個電子得從一個已帶正電的離子那裡被拉走。然而，這種能量的增加量是有模式可循的，它能夠反映出原子的電子組態。

拿鈉來做例子，它在緊密、像貴重氣體的核心外有一個電子（鈉的構造是〔Ne〕$3s^1$）。第一個電子是相當容易移走的，需要投資的能量是 5.1 電子伏特；但是第二個電子是位於很接近原子核的核心位置，想拿走它得花將近十倍於第一游離能的能量（47.3 電子伏特）。從核心位置攫取出電子，當然是可能的，例如在太陽裡面，幾乎全部的電子都蹦離了原子；但是所有化學反應過程所牽涉到的能量，其實都不高，通常只能移走第一個電子。

現在再往東走一步，來到鈉的東鄰鎂，它在核心外有兩個電子（〔Ne〕$3s^2$）。理論上要拿走一個電子是輕而易舉的，因為第一游離能為 7.6 電子伏特，並不高。失去那個電子後，核心外的軌道上還留有一個電子，它距離原子核仍然很遠，而且又只受到微弱的吸引力；因此要移走鎂的第二個電子也還算容易，只需投資 15.0 電子伏特就可以了，一般的化學反應就能達到，這遠比打破鈉核心所必需的能量少得多了。

但是如果想再移出第三個電子，就得動核心的腦筋了，這個步驟需要的游離能是非常巨大的，至少需要 80.1 電子伏特。這是屬於物理層次的功，而不是典型化學作用中，相當微小的能量投資所能負荷的。因此，我們可以下個小小的結論：當鎂形成陽離子時，它會變為帶兩個正電的陽離子；而鈉就應該是形成僅帶單一正電的陽離子。

相似的理由也可以應用到西部矩形地帶的所有元素上，於是我們又發現了另一種王國規律：家族 1 的元素都是形成帶單電荷的陽離子，而家族 2 的元素則應該是形成帶雙電荷的陽離子。這正是化學家觀察到的事實，幾乎整個西部矩形地帶（s 方塊）元素的所有化學性質，都可以用這種說法來闡釋。

能捨而不必捨

王國裡的東部矩形地帶（p 方塊）並沒有很多金屬，但是我們相信類似的論點在這裡還是能成立。

在這矩形地帶中，最常應用到工商業的金屬之一是鋁，它位於家族 13（舊家族 III），電子組態是〔Ne〕$3s^2 3p^1$，在類似氖的核心外有三個電子。我們推測這元素可能滿容易失去三個電子的（這是指在化學作用可提供的能量範圍內），但不會再多了。事實上，鋁的前三個游離能為 6.0 電子伏特、18.8 電子伏特及 28.4 電子伏特，然而接下來的第四游離能卻是飛躍到巨大的 120 電子伏特這個數值，顯然可以證實我們的推想沒錯。

化學家確實知道，幾乎所有鋁參與的反應，結果它都是失去三個電子，絕對不會更多，也很少是更少。附帶說明的是，在這裡我們又看到另一個為什麼有些化學家特別偏好舊標號的理由，因為家族 III 的 III，顯示鋁將形成帶三個電荷的陽離子，但是在「家族 13」這個名稱中，這類資訊就不是那麼直接而明確了。（其實，我們從新的家族編號 13 的 3 也可以看得出來！）

東部矩形地帶與西部矩形地帶有些不同的是，電子的移去可能發生在兩種軌道上。對鋁來說，失去的是兩個由 s 軌域來的電子，以及一個 p 軌域的電子。不過您若仔細檢查王國的這片疆土，就會察覺到另一種現象：沿著家族 13 往南前進的化學探險家，到了較遠的南端就會發現，元素在化學反應中通常只失掉 p 電子，因此產生了帶雙電荷的陽離子。

在東部矩形地帶，各個區域形成陽離子的方式不盡相同。我們必須了解，有些區域可以失去所有的價電子，形成帶三電荷的陽離子，而有些區域就只會失去最外層的 p 電子，產生帶有雙電荷的陽離子。化學家便利用這些元素的二元特性，來提醒大家注意這些區域的化合物變化。

東部矩形地帶中，並不只有家族 13 在失去電子方面的差異較大。我們可以從家族 13 的南端走到家族 14 瞧一瞧。家族 14 的鉛，電子組態為〔Xe〕$6s^2 6p^2$，有四個電子在類似氙的核心外面。

根據我們已經知道的王國律法，可以推測：鉛要失去四個電子其實還滿容易的，但超過這個數字就得打破核心才行。不過，運用我們逐漸浮現輪廓的化學視野，應該也能進一步預測，電子脫離的方式會分為兩群：有些反應只能移走鉛原子 6p 的電子，這是外層受束縛最小的電子；而在較為激烈的反應中，就有辦法移去全部的四個外層電子。因此我們認為，鉛的化學性質可以由帶雙電荷的陽離子與帶四電荷的陽離子分別來定義。從事實看來，也的確是如此。

王國底層的動力機房 » »»

剛剛我們故意避開了地峽不談，留待現在再去一探究竟。

先看看 d 方塊裡的錳，電子組態是〔Ar〕$4s^2 3d^5$。化學反應提供的能量足以移去這兩個 s 電子，以及不定數目的 d 電子，結果是各式各樣不同帶電量的陽離子都有可能形成。這種多選擇性最主要的受益者就是生命進展的過程，以及植根於王國土壤上的科技工藝。舉例來說，位於血紅素中心的四個鐵，好似四個核眼，由於它很輕易就能轉換陽離子的帶電荷數，因此不僅能接待氧分子、將它運載到人體需要的地方，也能夠毫不猶豫的卸下氧，以供身體所需。還有，在生物的細胞中，如果得靠電子來驅動反應進行時，通常鐵原子就會受徵召去提供電子。再舉個關於錳的例子，地球所有可用能量的泉源——光合作用，過程中就是因為有錳藉由電子的釋放來吸收光能，才有後來的這個那個，最終才使我們有辦法思想，並且活動。

化學工業更是極度依賴地峽的元素，因為幾乎所有的化工產物都是利用催化劑製造出來的。催化劑是一些能加速反應作用速率的物質，而且事實上，有些反應若少了催化劑還無法進行呢。

大部分這些需要催化劑幫忙的反應，都是基於地峽金屬的帶電量可變化的特性，才能存在。例如，由於鐵可以很自如的收放電子，所以就成為固氮作用中的媒介物，能促使氮被固定、製成肥料，而後用來哺育我們，建立我們體內的蛋白質。細菌則發現了運用鉬來固氮的方法，不過它們投資的是演化的時間，而不是金融的資本。另外，p 方塊中不可或缺的物產——硫酸，是以鉑及釩為催化劑而製得的；至於製造硝酸，則是以銠做為催化劑。碳氫化物（即烴類，原油是烴類最大的來源）從地底下蘊藏碳的洞穴中開採出來，然後在各種特殊的表面上切割、劈砍、混合、聯結、扭曲、伸展、修剪以及生長，過程中所使用的催化劑化合物都是來自地峽。

由生意盎然的生物，到蓬勃發展的工業，所有一切深厚的社會基礎，根源都是來自對於抽象的 d 軌域概念的實際應用。d 軌域可以說是深築於王國底層的動力機房。

陰離子又是如何？

探訪陽離子形成之謎的旅程已經接近尾聲，但我還得再提及最後一點，那與它們的直徑有關。

當一個陽離子形成時，就像我們提過的，通常原子外殼層的每個電子都會脫離，露出它的核心來。因此我們預期陽離子的直徑應該會顯著比原來的原子小，事實上也的確是這樣。另外，陽離子直徑的變化應該也可以反映出原先的原子直徑變化，所以陽離子直徑地貌的大體形勢，主要也是由西部沙漠的西南角向東北方傾斜下去，其中偶爾夾雜著一些小丘及山谷。

那麼陰離子的情形又是如何呢？陰離子這種王國的次結構，變化其實不多；而且陰離子的形成也受限於化學反應所設下的條件，只有少數區域才會生成。

我們以前曾經看過，產生陰離子（也就是讓電子附著在原子上，形成帶負電荷的離子）所需的能量是以元素的電子親和力來計算的。具有高電子親和力的元素，在得到電子的時候，會釋放出大量的能量。另外，我們也看過高電子親和力的元素都位於氟的附近，也就是王國的東北邊；為什麼這種週期式的起伏規律，高峰都出現在這個領域呢？

氟原子的電子組態是〔He〕$2s^2 2p^5$，距離完整的氖殼層只少一個電子而已。如果有一個電子添加在氟原子上，它會受到吸引而進入最外面的殼層，並且填滿它。由於電子與電子之間的排斥力增加了，使得原子稍微膨脹了點，所以我們推想氟的陰離子（更正確的說法是氟離子）會比原先的原子大一些。至於電子加入氟原子後，會釋放出 3.4 電子伏特的能量。

現在考慮一下再增加第二個電子，以形成帶有雙負電荷氟離子的可能性。有兩種效應會造成阻礙：首先，由於氟離子已具有負電性，氟離子與第二個電子之間會發生同性相斥的現象；必須施加外力，才能讓第二個電子加入。另一個理由是，電子如果真的進入離子，它並不能混進外殼層的軌域裡，因為那些軌域已經全滿了；根據不相容原理，這個電子必須自行開創一個新殼層，而這殼層還不能與原子核靠得太近。因此，這個電子不僅為所有現存的電子拒於門外，而且也只能感受到遙遠原子核的微弱吸引力。結果是，加入第二個電子成為不具吸引力的能量投資，帶雙電荷的氟離子不可能形成。

相同的說法也可以應用在其他鹵素身上，它們僅能接受單一個電子，不會再多了。所有的鹵素離子，包括氟離子、氯離子、溴離子以及碘離子，都是帶單一負電荷的。

從北海岸的氟往西跨一步，就來到氧的位置，它的電子組態是〔He〕$2s^2 2p^4$。這個原子的外殼層上有兩個空缺，所以它能做什麼事應該已經很清楚了。氧可以很容易接受一個電子，然後釋放出 1.5 電子伏特的能量；而且這個電子將感受到來自中央原子核的強大吸引力，表示歡迎。

如果要再加入第二個電子，情況就和氟離子有點類似了，必須有額外的能量以抵抗這個離子的負電荷所造成的排斥力。而且這能量的大小，與在氟原子上加入第二個電子時的能量相似。然而這種投資是有價值的，因為僅帶有單一電荷的氧陰離子外殼層並不完整，第二個電子可以在這裡找到歸屬的家，並且安安穩穩、快快樂樂的與還不算遠的原子核互相吸引。但話說回來，我們還是得施加能量，才能把帶單電荷的氧陰離子變成帶雙電荷的氧陰離子（也就是氧離子），不過這能量投資不大，只需 8.8 電子伏特，從其他相關的化學反應步驟所放出的能量就能回收了。

至於想在氧離子上再添加第三個電子，那是絕不可能的。因為第三個電子不僅須獲得更多額外能量的奧援，才能進入已帶雙電荷的陰離子，而且抵達後也只能待在自行創設的、遠離核心的新殼層，礙難感受到原子核的吸引力。所以氧與它家族中的其他成員，按理都只能形成帶雙電荷的陰離子；這正與化學家所觀測到的一樣。

貴重氣體最保守

現在我們可以再探訪幾乎是不毛之地的東海岸了，那是貴重氣體所在的地方。它們所有的軌域都滿了，任何新來的電子，就如同氟離子的第二個電子、或氧離子的第三個電子，除非自行占有一個嶄新的殼層，否則不可能留在原子內；而且新電子得分布在原子周圍，但是距離原子核又非常遙遠，在這種位置並不能得到能量上的獲益。舉例來說，在氖原子上添加一個電子需要（而不是釋放）1.2 電子伏特的能量，而對氬進行同樣的步驟則需要（而不是釋放）1.0 電子伏特。因此貴重氣體的電子親和力是負值的。

貴重氣體雖然對增加電子沒興趣，但對於維護它們既有的電子是不遺餘力的，所以也不容易有電子給拿走。這種不與別人打交道的結果，使得這片地域成為王國中最死氣沉沉的所在。

最後，我們還是要提一下陰離子的大小。由於新增了電子，使得電子與電子的相互排斥所造成的擴張力，稍占了優勢，因此陰離子會比原來的原子大一點。

在王國最東北邊的三角地區，陰離子是相當重要的；陰離子的直徑加大後，這裡的高度也產生了變化，而這也可以反映出原先原子直徑的變化：在這極東北三角地區中，陰離子直徑的地形是由北往南上升、由西向東下降，而且每個區域都比它們原子本身的高度高一些些。

第十一章

策略聯盟

也許不是全部，但是絕大部分多采多姿的真實世界，都是起源於王國各區域形成的化合物。一百來個元素可以組成上百萬種這樣的聯盟，就好像二十六個英文字母能編寫出浩瀚無涯的文學作品一樣。

想要在所有可能的和真實的聯盟領域中漫遊，是不太可能的事，但是我們還是會介紹一些具有週期性質的聯盟特色，這些週期性質是與王國的規律一致的。化學家通常會參照區域的位置，來為各區域製造出來的聯盟分類；我們也會採取同樣的方式。在這裡，我們將審視可能出現的許多種聯盟，並且找出這些同盟夥伴的特色，以及它們造成的化合物與王國地點之間的關聯。

區域原子閃電結婚

化合物是區域原子的閃電結婚，而不僅僅是混合在一起而已。在某些情形裡，這些婚姻是極度穩固，而且永生不渝的，例如地球核心、地表岩石，就是如此天長地久。其他有些婚姻就比較不穩定了，可能只維持一段短暫時間，像是許多以碳為主的天然有機化合物，有的能撐上一天、一年，或是頂多撐上七十年，然後就會衰變成較簡單的原子集合。還有些聯盟存在的時間非常非常短促，需要訓練有素的眼力才能辨別出來，並且記錄下來。

化合物是藉由「化學鍵」結合在一起的，那就是原子間的鍵結。大家已經知道，這種鍵結是因為原子最外殼層（所謂的價殼層）的電子重新組合所引起的。「價」這個名詞表示原子形成化學鍵的潛力，它的英文 valence 源自拉丁文「強壯」的意思。「要堅強啊！」是羅馬人離別時所說的話。

我們已經討論過原子的電子組態的週期性質。王國就是按照這種性質來排列的，因此我們猜想，組成化學鍵的能力也會呈現相似的週期特性。先聲明，等一下我們所探討的，只限於鍵結數目和鍵結種類的一般週期特性。

有兩種主要的化學鍵：離子鍵與共價鍵。顧名思義，離子鍵就是離子之間的作用力，是由於陽離子與陰離子之間的正負吸引力而形成的；共價鍵則是原子因為共享電子對而造成的。

我們將會進一步詳細討論這兩種化學鍵，觀察它們的出現與王國中元素的位置有怎樣的關聯。

在任何一種情況下，週期王國境內都會有個指標，來指引我們朝向較低的能量；因為唯有在「得以釋放出能量」的條件下，原子才會產生鍵結。

此外，我們還必須了解為什麼能量的指標總是往下指？為什麼生成的化合物能量總是比分離的原子狀態時來得低？

形成離子固體

為了明瞭到底是怎樣的效用導致了離子鍵的形成，我們得先來考慮一種由鈉原子（電子組態是〔Ne〕$3s^1$）和來自王國另一端的氯原子（〔Ne〕$3s^2 3p^5$）摻合成的氣體。

這種原子的摻雜只是一種混合物而已，因為它們還沒有組成聯盟。讓我們先討論一下，這種混合物的指標會不會向下。理論上，指標當然會高高的往上翹，因為想從每個鈉原子中移去一個電子，得花費 5.1 電子伏特的能量。不過也許這個投資是值得的，所以我們不妨試試看。

我們也看過，當一個電子進入氯原子，產生氯離子的時候，會放出 3.6 電子伏特的能量。因此，如果讓電子在這兩種原子之間交換，就可能生成兩個類似貴重氣體的原子；可是指標還是朝上的，因為 5.1 電子伏特的花費，減掉 3.6 電子伏特的所得，還差 1.5 電子伏特，看起來離子氣體沒有理由會形成。

然而，不要忘了，還有第三個影響因素十分重要：異電性離子間的電吸引力——這兩種離子互相靠近時，吸引力可能會一直增強，使得降低的能量值超過我們原先投資的；等到相吸作用的能量一旦多於 1.5 電子伏特，指標就像旗號一樣立刻轉向，變成往下指了。

利用這第三個影響因素，我們可以推想，若要達成最低能量的話，陽離子及陰離子得聚集成這個樣子：每個陰離子外面包圍著陽離子，每個陽離子外面也環繞著陰離子。果然，經由精密的實驗測定，我們發現在每個陰離子外圍有六個陽離子，而每個陽離子外圍也有六個陰離子，這種結構就稱為「離子固體」(參見次頁圖)。事實上這就是食鹽的構造。食鹽是由礦產中或海洋中所獲取的氯化鈉。

電子組態又掌管了聯盟 »»»

我們得把這種討論方式應用到化合物種類上，並且揭露更多王國所展現的自然規律。這些化學結合方式的規律特性，其實就是讓門得列夫畫出週期表的有力證據之一。

首先，請留意鈉只能放出一個電子；相同的，氯也僅能接受一

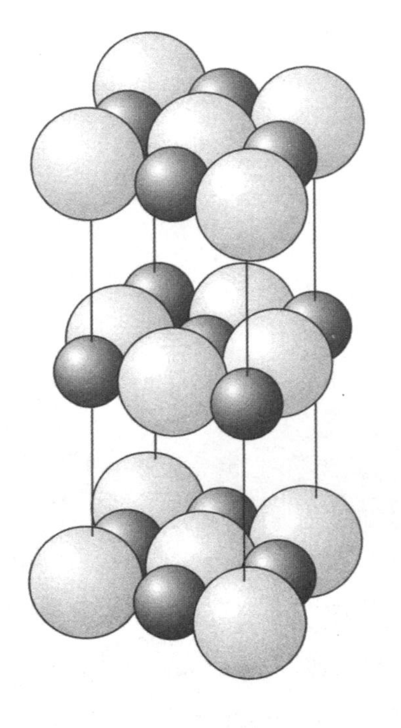

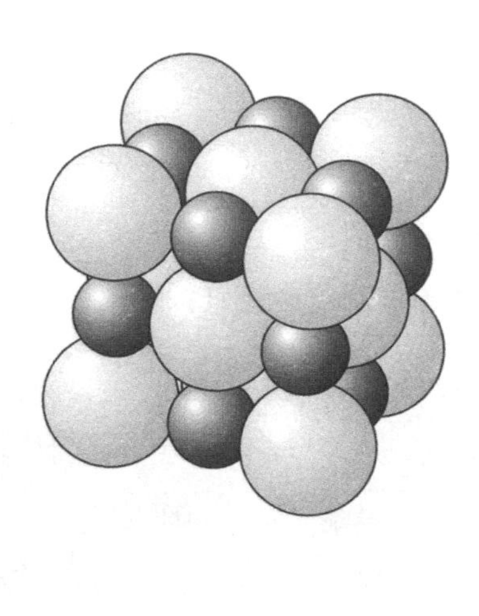

食鹽（氯化鈉）的結構，左邊是上下層稍拉離的顯示圖，右邊是真正的構造。
這種組合形式可以無限延展，只有在晶體邊緣才達到盡頭。請注意，每個鈉陽離子（較小的球體）都與六個氯陰離子（較大的球體）靠在一起；每個氯陰離子也都與六個鈉陽離子靠在一起。

個。因此這兩種距離遙遠的元素，最合乎道理的組合方式是一個鈉原子配上一個氯原子，這也正是它們構成鹽的比例。事實上，我們若俯瞰王國的電子組態情勢，就有能力預測出，在每種由家族 1 的鹼金屬元素與家族 17 的鹵素組成的化合物中，雙方所占的比例是相同的。

的確，經過很多的觀測後發現，這兩個地帶可能出現的三十種雙成分化合物中，也就是所有稱做「鹼金屬鹵化物」（alkali metal halide）的化合物，包括氟化鋰、溴化鈉、碘化鉀在內，確實都有一對一的成分比。

現在，王國的法律，也就是隱藏在地底的電子組態，又掌管了聯盟的生成形式。

西部沙漠是離子鍵的故鄉

讓我們再往東移一步，來到西部沙漠中，鈣及鹼土金族的所在。這些元素在暴露出它們不可侵犯的核心之前，可以輕易交出兩個電子。不過每個鹵素原子還是只能接受一個電子而已，這表示若它們形成化合物時，每一個鹼土金屬原子需要兩個鹵素原子。這與我們發現的組成完全相同。

再看看相反的情況。假如我們回到家族 1 的鹼金族，但是現在換成與家族 16 的氧及它的南邊親戚結盟。它們會產生怎樣的聯盟呢？鹼金族的每個原子可以給與一個電子，而氧、硫家族的每個原子都能接納兩個，因此我們推測每個氧或硫的原子，會和兩個鹼金屬原子結合。事實上也確是如此。

為了使討論更加完整，我們現在再往東移向家族 2。鹼土金族原子交出兩個電子，氧、硫家族的每個原子還是可以接受兩個。所以再一次，我們又得到一個家族 2 原子配上一個家族 16 原子的化合物形式。這與觀察到的完全一致，例如石灰（氧化鈣），它就是由一個鈣離子加上一個氧離子組成的化合物。

當化學家想要解釋或預測離子固體的成分時，他們就會充分運用這種論點。只要形成陽離子所需要的能量不是太大，整體能量的指標就還是朝下的；但是如果生成陽離子的投資過大，可能無法從異性電荷的吸引力裡面回收，那麼指標就絕不會往下指。因此，離子鍵的產生僅能局限在成分之一是金屬的元素組合中，因為只有金屬元素的游離能才夠低。

所以當我們由空中鳥瞰整個王國，並注意到下面閃閃發光的西部沙漠時，應該要知道，這裡就是有能力形成離子固體的地區；而且由它們所構成的固體組成，都是根據家族擺在王國中的哪個位置來決定的。

離子固體有許多共通的特色，在真實世界很容易就可辨認出來。

第一，由於它們是離子緊密互相堆積而成的堅固聚集物，因此是硬而脆的固體。想使它們轉變成液體，必須加熱到很高的溫度，才能把離子震離開來（熱會使東西震動），所以離子固體的熔點通常都很高。

另一個重要特點是，當它們溶解在水中（不過並非全部都可以），離子會在裡面漂蕩，成為流動的電導體。也就是說，離子固體都是潛在的電解質，都是在熔融或溶解狀態下，能夠傳送電流的物質。

共價鍵是什麼？

現在讓我們考慮共價鍵是如何形成的。

如果化合物裡面並沒有金屬元素的話，那麼想拿出電子就得耗費太多的能量，使得產生離子鍵變得不可能達成。即使加上最後正負相吸所造成的吸引力，能量的指標還是會往上揚。這時候最好的方式，是讓原子實際上保留原有的電子，但是達成一種共享的協定。當兩個鄰近原子共用兩個電子而組合成分子時，我們就說它們是靠共價鍵聯結起來的。

首先我們得弄清楚，為什麼是兩個電子組成一個鍵，而不是一個、三個，或是其他數目的電子呢？這個理由可以回溯到鮑立不相容原理：每一個原子軌域都只能有兩個電子來占據。兩個原子互相靠近、結合成分子以後，價殼層的電子雲分布就不再限定於單獨的原子了，而是遍及於兩個原子外面，像張大網一樣。

與原子內的分布（即原子軌域）相似，我們也把遍布於分子內、涵蓋每個組成原子的電子雲分布，稱為「分子軌域」。不過即使分子軌域的範圍較廣、形式較複雜，軌域依舊是軌域，還是得遵循不相容原理：一個軌域只能收容兩個電子。這就是共價鍵只能包含一個電子對的原因。

必須一提的是，兩個原子也能夠共用兩個以上的電子，因為可以有不止一個分子軌域散布在它們外面，將它們聯結在一起。每組共有的電子對算成一個共價鍵，因此原子可能靠單鍵（一對共用電子）、雙鍵（兩對共用電子）、三鍵，以及非常非常少見的四鍵，互相結合。

與形成離子鍵時相同，共價鍵也只有在造成能量降低的情況下才能產生。可是對共價鍵來講，我們無須擔心在生成離子時通常需要的巨額投資，因為共用電子並不會牽涉到那麼劇烈的電子重新分布。

典型的共價鍵，是由位於東部矩形地帶東北三角區的元素所組成的，例如組成水分子、氧分子、二氧化碳……。

也能柔和，也能剛強

分子是原子之間產生共價鍵之後生成的實體。也正是這東西讓我們明白，共價鍵的產物與離子鍵的產物有很顯著的差異。

一般的分子化合物（但並非全部，等一下我們就會提到）都是各自分離的原子團，並不是結構無限延伸的聚集物。另外，共用電子也比單純的失去電子，還巧妙、複雜許多，它使得原子的某個方向可以部分釋放電子，而影響了另一個方向釋放電子的能力。結果是，分子內的原子排列會有固定、特殊的幾何形狀；換句話說，王國的共價化合物通常是分離的一小團一小團原子，並且外形還相當特別。

離子聚集物有可能無窮無盡，而且在常溫下一定是固體；相較之下，分子聚集物因為通常都很小，比較容易形成氣體和液體。此外，當分子組成固體時，分子間的吸引力也都不大，比離子固體中的離子弱得多了。大多數分子固體比離子固體柔軟，只要稍微加熱，很容易就會被震散了，變回原先的組成分子；因此它們共通的特徵是低熔點和低沸點。

一般來說，分子化合物是自然界較溫和的一面，而離子化合物是較剛強的一面。地球上較柔和的東西，像是河流、空氣、草原以及森林，都是分子化合物；而地殼的成分則大部分是離子化合物。這就是為什麼東部矩形地帶的東北三角，對生命存續如此重要，而王國其他部分對構成穩固、堅實的地表，不可或缺的原因了。

不過共價鍵並不是只能形成柔弱的聯盟。在某些情形，原子與鄰居原子形成共價鍵後，鄰居原子又和它的鄰居共價鍵結在一起，這樣一直擴展下去，便構成了可能無限伸展的固體。鑽石就是一個例子，它是碳的一種形態，每一個碳原子都跟四個碳原子鍵結在一起。碳與碳的共價鍵其實不是很剛硬，可是一旦呈支架狀鍵結起來（注：您可以把這支架想成一個正四面體，即四個正三角形組合成的立體；正四面體的核心有個碳原子，其他四個碳就位在正四面體的四個尖角上），在整個固體中延伸，延伸的狀態事實上可以到達永無休止的境地，就像大型建築物中的鋼架一樣。於是，非常堅硬的鑽石就形成了。

王國中庸之道

在結束王國聯盟的探討以前，我們還得提出幾個觀念。

碳這個在參與分子形成的過程中，占有舉足輕重地位的元素，因為自己的特殊才能，使得它所構成的聯盟結構及合作關係都非常複雜——甚至不僅擁有生命力，還可以自行複製。就像我們提過的，碳這個區域之所以具有這種實力，最重要的理由就是因為它本質平凡，也可說是沒有自我主觀意志。

碳位於東北海岸的中間位置，既不像左邊的元素積極輸誠，交出電子，也不像右邊的元素，貪婪攫取電子。碳對自己聯盟的要求是很溫和的。另外，碳也很滿足於自行聚集在一起，組成鏈狀、環狀以及樹狀的原子團。

如果碳原子能更欣然於失去電子，只要一有其他原子索求，它就會照辦；不久它就會發現留下來的電子不夠了，沒辦法再和其餘原子結合，沒辦法構成更精巧的排列形式了。或者，假如碳原子對電子的需求更渴切，很快就因為能夠鍵結而心滿意足的話，如此一來，也可能會錯失了與其他原子巧妙結合的機會。正由於它立身在中間，行中庸之道，既不奢求、也不特別慷慨，因此得以從從容容不斷進行聯盟，而不是草率作下決議。

碳元素，果然不愧是週期王國的國王。

最後一點是關於沒有活動力的王國東緣，也就是貴重氣體所在的低反應活性海岸。這個家族對於形成鍵結幾乎毫無興趣，連共價鍵都不例外，原因與它們的電子組態息息相關。

在它們的原子裡，由於電子緊密聚集在高電量的原子核四周，想把其中一個拉出來，都得耗費很大的游離能。所以它們不願意釋放電子，也不願意與其他原子分享電子；因為即使只與其他原子共享電子，仍然需要投資大筆的能量。同時這些殼層已滿的原子也不會吸引電子，任何電子進入後，都得面臨居住於新殼層軌道的窘境，只能孤伶伶的與原子核遙遙相望。

在這裡，能量指標絕少是往下的，因此很難產生聯盟；只除了一些極具侵略意圖的區域，像是氟，才有可能與它們結盟。

週期王國在東緣，地勢驟然下降到海岸，這算得上是一種圓滿的象徵：不必取也不必捨。其實何必花工夫去獲取電子呢？又何必那麼麻煩，硬要放掉一些呢？

化學元素王國

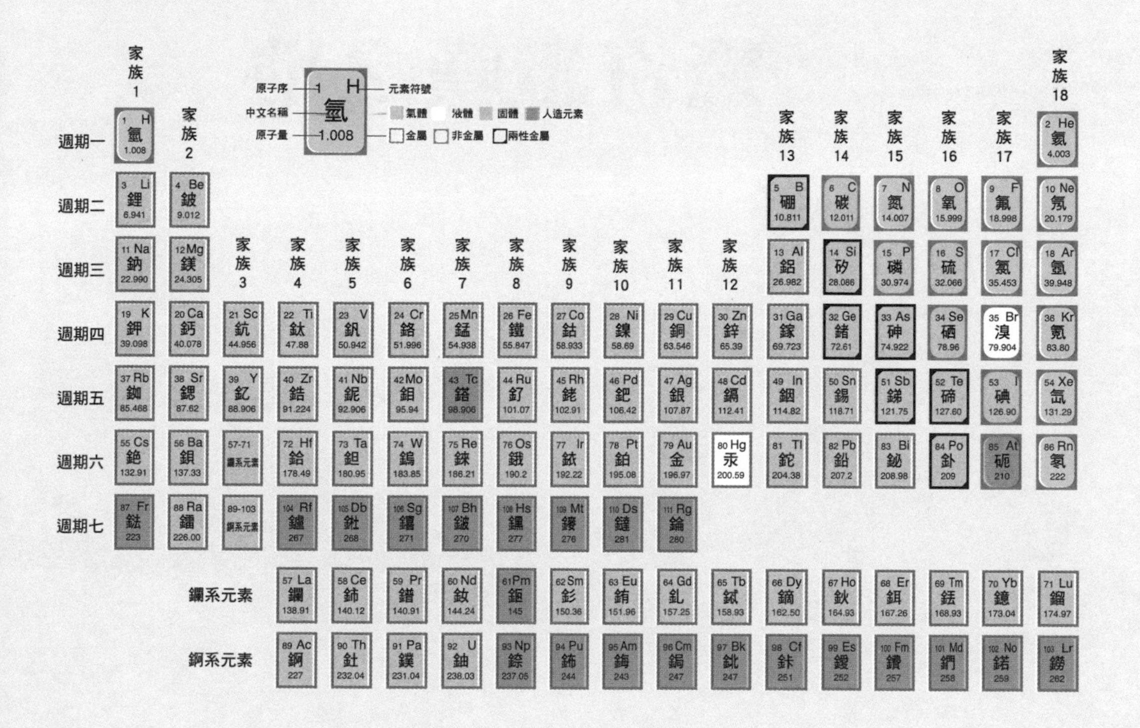
原子序
元素符號
中文名稱
原子量
1 H 氫 1.008
氣體 液體 固體 人造元素
金屬 非金屬 兩性金屬
家族 1
家族 2
家族 3
家族 4
家族 5
家族 6
家族 7
家族 8
家族 9
家族 10
家族 11
家族 12
家族 13
家族 14
家族 15
家族 16
家族 17
家族 18
週期一
1 H 氫 1.008
2 He 氦 4.003
週期二
3 Li 鋰 6.941
4 Be 鈹 9.012
5 B 硼 10.811
6 C 碳 12.011
7 N 氮 14.007
8 O 氧 15.999
9 F 氟 18.998
10 Ne 氖 20.179
週期三
11 Na 鈉 22.990
12 Mg 鎂 24.305
13 Al 鋁 26.982
14 Si 矽 28.086
15 P 磷 30.974
16 S 硫 32.066
17 Cl 氯 35.453
18 Ar 氬 39.948
週期四
19 K 鉀 39.098
20 Ca 鈣 40.078
21 Sc 鈧 44.956
22 Ti 鈦 47.88
23 V 釩 50.942
24 Cr 鉻 51.996
25 Mn 錳 54.938
26 Fe 鐵 55.847
27 Co 鈷 58.933
28 Ni 鎳 58.69
29 Cu 銅 63.546
30 Zn 鋅 65.39
31 Ga 鎵 69.723
32 Ge 鍺 72.61
33 As 砷 74.922
34 Se 硒 78.96
35 Br 溴 79.904
36 Kr 氪 83.80
週期五
37 Rb 銣 85.468
38 Sr 鍶 87.62
39 Y 釔 88.906
40 Zr 鋯 91.224
41 Nb 鈮 92.906
42 Mo 鉬 95.94
43 Tc 鎝 98.906
44 Ru 釕 101.07
45 Rh 銠 102.91
46 Pd 鈀 106.42
47 Ag 銀 107.87
48 Cd 鎘 112.41
49 In 銦 114.82
50 Sn 錫 118.71
51 Sb 銻 121.75
52 Te 碲 127.60
53 I 碘 126.90
54 Xe 氙 131.29
週期六
55 Cs 銫 132.91
56 Ba 鋇 137.33
57-71 鑭系元素
72 Hf 鉿 178.49
73 Ta 鉭 180.95
74 W 鎢 183.85
75 Re 錸 186.21
76 Os 鋨 190.2
77 Ir 銥 192.22
78 Pt 鉑 195.08
79 Au 金 196.97
80 Hg 汞 200.59
81 Tl 鉈 204.38
82 Pb 鉛 207.2
83 Bi 鉍 208.98
84 Po 釙 209
85 At 砈 210
86 Rn 氡 222
週期七
87 Fr 鍅 223
88 Ra 鐳 226.00
89-103 錒系元素
104 Rf 鑪 267
105 Db 𨧀 268
106 Sg 𨭎 271
107 Bh 𨨏 270
108 Hs 𨭆 277
109 Mt 䥑 276
110 Ds 鐽 281
111 Rg 錀 280
鑭系元素
57 La 鑭 138.91
58 Ce 鈰 140.12
59 Pr 鐠 140.91
60 Nd 釹 144.24
61 Pm 鉕 145
62 Sm 釤 150.36
63 Eu 銪 151.96
64 Gd 釓 157.25
65 Tb 鋱 158.93
66 Dy 鏑 162.50
67 Ho 鈥 164.93
68 Er 鉺 167.26
69 Tm 銩 168.93
70 Yb 鐿 173.04
71 Lu 鎦 174.97
錒系元素
89 Ac 錒 227
90 Th 釷 232.04
91 Pa 鏷 231.04
92 U 鈾 238.03
93 Np 錼 237.05
94 Pu 鈽 244
95 Am 鋂 243
96 Cm 鋦 247
97 Bk 鉳 247
98 Cf 鉲 251
99 Es 鑀 252
100 Fm 鐨 257
101 Md 鍆 258
102 No 鍩 259
103 Lr 鐒 262

結語

驚奇讚嘆之地

V Cr Mn
Nb Mo Tc
92.9 95.9 98.0
72 73 74 75
Hf Ta W Re
178.5 180.9 183.9 186.2 190.2
104 105 106 107 108
Db Sg Bh Hs
268 271 270 277
59 60 61 62 63

所有這些美妙的事物都源自百來種元素

它們彼此串連、混和、堆積、聯結在一起

就像是字母組合成文字

文字組合成文學作品一樣

我們已經遊遍整個週期王國了。首先是從高空中以不同的角度俯瞰，然後降落到地面，逐步在國境中旅行，並觀察它地表的構造；我們還曾經往地層下挖掘，探查王國法律在內部運作的情形。

現在旅程即將結束了，我們應該整理一下，到目前為止，大家對這想像王國本身以及它的重要性的認識。

成就輝煌 »»»

真實世界中處處充滿著令人歎為觀止的複雜性，以及不可限量的魅力。即使是沒有生命的無機世界，像岩石與石塊、河流與海洋、空氣與風，都蘊涵著無限的美好；再加上構成生命的要素，這種美好更是成倍數增長，到達幾乎超過想像的境界。

然而，所有這些美妙的事物都源自百來種元素，它們彼此串聯、混合、堆積、聯結在一起，就像是字母組合成文字，文字組合成文學作品一樣。發現這些「字母」，是早期化學家的偉大貢獻，當時的實驗技巧雖然拙劣，卻能發揮驚人的智慧（直到今日依然這麼有力量），發現整個物質世界可以歸納成許多成分——化學元素。而且經過這樣簡化之後，並不曾破壞它的迷人之處，反而增添了我們的認知，加深了我們的喜悅。

接下來是更輝煌的成就。雖然這些元素是物質，但是很少人想到它們彼此都有關聯；唯有化學家看穿了表象，並且建立了一個有週期特質、家族合縱、策略聯盟，與姻親連横的王國。經由化學探險家不斷試驗與思索，於是陸塊由海中升起了，元素看起來竟能構成一幅狀闊的陸地景觀。

當我們以多層面的眼光來審視時，整片疆土似乎就有了具體的結構，並不僅是峽谷及山峰雜亂聚集在一起而已。尤其是，我們還發覺它的變化有著週期特性呢。這可說是最令人吃驚的發現了，因為物質並沒有理由要呈現出什麼週期性啊！

化學大一統原理

就像在科學進展過程中時常碰到的情形一樣，豐富的理解力都是發源自簡單的概念。簡單的概念經常潛伏在表象底下默默運作，簡單的概念因此進一步組成了真實的世界。有一天人們發現了原子，並且利用偉大的心智發明量子力學，來闡述原子的組成，從此之後王國的基礎就為人所知了。看似簡單的原理（特別是莫測高深的不相容原理）已經說明了，王國的週期特性其實是：原子的電子結構週期性質顯現在外的結果。

現在，我們已經完全清楚週期王國的構造、排列，以及可能的擴張範圍了。當然，除了這趟王國之旅所披露的疆土形貌與特質，王國國境其實還有更深刻而複雜的水流在汩動著，只是這些水流也是已知的了。

我們可以合理解釋各區域的性質；在一定限度的範圍內，我們也有把握預測出元素的化學及物理性質，和它所形成的化合物種類。這個週期王國，也就是週期表，是化學上無比重要的大一統原理，它是放諸四海而皆準的，而且是想要精通化學與開啟嶄新化學研究路線的最佳法門；因為若是能了解並運用它的排列模式，自然而然，屬於這學門的一切就能融會貫通了。

不過，雖然我們對王國已經有相當多的理解，它仍然是個神祕的地方。我們先前也曾經提過，在這片土地上還是存有爭議。

各個區域的性質則是在各種力量的競爭、影響下導致的結果，例如電子與電子的斥力、電子與原子核的吸引力；有時候甚至會有好幾種影響力，彼此之間達成微妙的平衡。所以，即使是相當有經驗的人，也很難一口咬定元素不會出現什麼奇異的特性。但是請別氣餒，在科學研究的路途上，一種推測失敗了，也等於開創了另一條嶄新且令人興奮的調查大道。

無限樂趣的夢土

英文的二十六個字母潛藏著無窮盡的驚奇與魅力，週期王國的元素也一樣。不過字母本身是沒有基礎結構的，可是王國的各個元素區域卻不同，它們具有可以層層剖析的構造特質，因此成為可以理解的實體集合。而且因為這些實體之間會互相制衡，所以更擁有生動活潑的特色，以及稀奇古怪的特點，你總是捉摸不著它會傾向哪個方向。

於是，週期王國永遠是一片充滿無限樂趣的夢土。

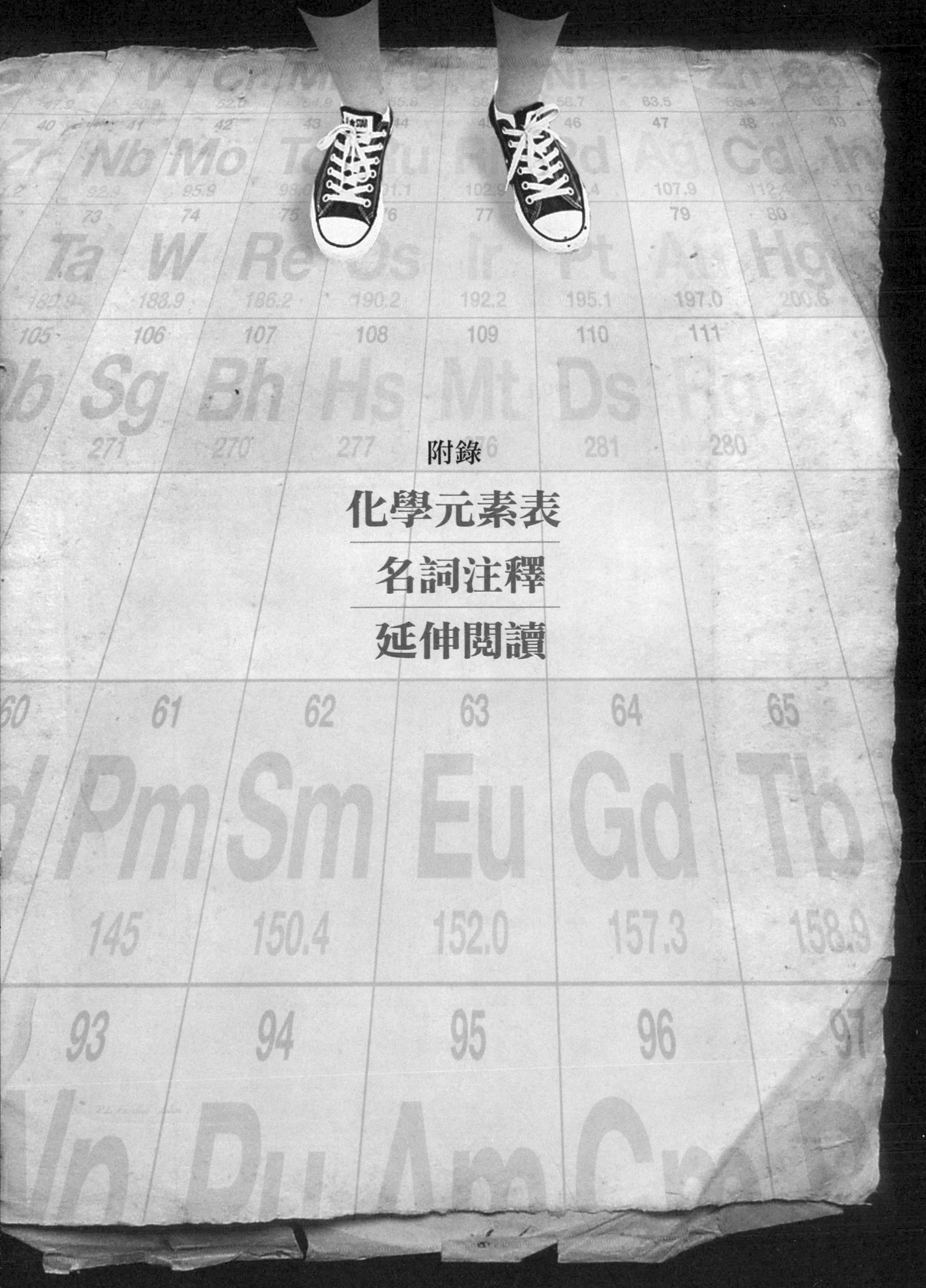

附錄

化學元素表

名詞注釋

延伸閱讀

原子序	符號	中文名稱	注音	英文名稱	發現年代	相對原子質量	原子直徑(埃)	密度 (g/cm³)	第一游離能值 (eV)
1	H	氫	ㄑㄧㄥ	hydrogen	1766	1.008	1.58	0.0899	13.598
2	He	氦	ㄏㄞˋ	helium	1895	4.003	0.98	0.1787	24.587
3	Li	鋰	ㄌㄧˇ	lithium	1817	6.941	4.10	0.53	5.392
4	Be	鈹	ㄆㄧˊ	beryllium	1798	9.012	2.80	1.85	9.322
5	B	硼	ㄆㄥˊ	boron	1808	10.811	2.34	2.34	8.298
6	C	碳	ㄊㄢˋ	carbon	公元前	12.011	1.82	2.62	11.260
7	N	氮	ㄉㄢˋ	nitrogen	1772	14.007	1.50	1.251	14.534
8	O	氧	ㄧㄤˇ	oxygen	1774	15.999	1.30	1.429	13.618
9	F	氟	ㄈㄨˊ	fluorine	1886	18.998	1.14	1.696	17.422
10	Ne	氖	ㄋㄞˇ	neon	1898	20.179	1.02	0.901	21.564
11	Na	鈉	ㄋㄚˋ	sodium	1807	22.990	4.46	0.97	5.139
12	Mg	鎂	ㄇㄟˇ	magnesium	1808	24.305	3.44	1.74	7.646
13	Al	鋁	ㄌㄩˇ	aluminium	1827	26.982	3.64	2.70	5.986
14	Si	矽	ㄒㄧˋ	silicon	1823	28.086	2.92	2.33	8.151
15	P	磷	ㄌㄧㄣˊ	phosphorus	1669	30.974	2.46	1.82	10.486
16	S	硫	ㄌㄧㄡˊ	sulfur	公元前	32.066	2.18	2.07	10.360
17	Cl	氯	ㄌㄩˋ	chlorine	1774	35.453	1.94	3.17	12.967
18	Ar	氬	ㄧㄚˇ	argon	1894	39.948	1.76	1.784	15.759
19	K	鉀	ㄐㄧㄚˇ	potassium	1807	39.098	5.54	0.86	4.341
20	Ca	鈣	ㄍㄞˋ	calcium	1808	40.078	4.46	1.55	6.113
21	Sc	鈧	ㄎㄤˋ	scandium	1879	44.956	4.18	3.00	6.540
22	Ti	鈦	ㄊㄞˋ	titanium	1791	47.88	4.00	4.50	6.820

注：1埃 $=1\times10^{-8}$ cm $=1\times10^{-10}$ m

原子序	符號	中文名稱	注音	英文名稱	發現年代	相對原子質量	原子直徑(埃)	密度 (g/cm³)	第一游離能值 (eV)
23	V	釩	ㄈㄢˊ	vanadium	1830	50.942	3.84	5.80	6.740
24	Cr	鉻	ㄍㄜˋ	chromium	1797	51.996	3.70	7.19	6.766
25	Mn	錳	ㄇㄥˇ	manganese	1774	54.938	3.58	7.43	7.435
26	Fe	鐵	ㄊㄧㄝˇ	iron	公元前	55.847	3.44	7.86	7.870
27	Co	鈷	ㄍㄨ	cobalt	1735	58.933	3.34	8.90	7.860
28	Ni	鎳	ㄋㄧㄝˋ	nickel	1751	58.69	3.24	8.90	7.635
29	Cu	銅	ㄊㄨㄥˊ	copper	公元前	63.546	3.14	8.96	7.726
30	Zn	鋅	ㄒㄧㄣ	zinc	1637	65.39	3.06	7.14	9.394
31	Ga	鎵	ㄐㄧㄚ	gallium	1875	69.723	3.62	5.91	5.999
32	Ge	鍺	ㄓㄜˇ	germanium	1886	72.61	3.04	5.32	7.899
33	As	砷	ㄕㄣ	arsenic	1250	74.922	2.66	5.72	9.810
34	Se	硒	ㄒㄧ	selenium	1818	78.96	2.44	4.80	9.752
35	Br	溴	ㄒㄧㄡˋ	bromine	1826	79.904	2.24	3.12	11.814
36	Kr	氪	ㄎㄜˋ	krypton	1898	83.80	2.06	3.74	13.999
37	Rb	銣	ㄖㄨˊ	rubidium	1861	85.468	5.96	1.53	4.177
38	Sr	鍶	ㄙ	strontium	1790	87.62	4.90	2.60	5.695
39	Y	釔	ㄧˇ	yttrium	1794	88.906	4.54	4.50	6.380
40	Zr	鋯	ㄍㄠˋ	zirconium	1789	91.224	4.32	6.49	6.840
41	Nb	鈮	ㄋㄧˊ	niobium	1801	92.906	4.16	8.55	6.880
42	Mo	鉬	ㄇㄨˋ	molybdenum	1778	95.94	4.02	10.2	7.099
43	Tc	鎝	ㄊㄚˇ	technetium	1937	98.906	3.90	11.5	7.280
44	Ru	釕	ㄌㄧㄠˇ	ruthenium	1844	101.07	3.78	12.2	7.370

原子序	符號	中文名稱	注音	英文名稱	發現年代	相對原子質量	原子直徑(埃)	密度 (g/cm³)	第一游離能值 (eV)
45	Rh	銠	ㄌㄠˇ	rhodium	1803	102.91	3.66	12.4	7.460
46	Pd	鈀	ㄅㄚ	palladium	1803	106.42	3.58	12.0	8.340
47	Ag	銀	ㄧㄣˊ	silver	公元前	107.87	3.50	10.5	7.576
48	Cd	鎘	ㄍㄜˊ	cadmium	1817	112.41	3.42	8.65	8.993
49	In	銦	ㄧㄣ	indium	1863	114.82	4.00	7.31	5.786
50	Sn	錫	ㄒㄧˊ	tin	公元前	118.71	3.44	7.30	7.344
51	Sb	銻	ㄊㄧˋ	antimony	公元前	121.75	3.06	6.68	8.641
52	Te	碲	ㄉㄧˋ	tellurium	1782	127.60	2.84	6.24	9.009
53	I	碘	ㄉㄧㄢˇ	iodine	1811	126.90	2.64	4.92	10.451
54	Xe	氙	ㄒㄧㄢ	xenon	1898	131.29	2.48	5.89	12.130
55	Cs	銫	ㄙㄜˋ	caesium	1860	132.91	6.68	1.87	3.894
56	Ba	鋇	ㄅㄟˋ	barium	1808	137.33	5.56	3.50	5.212
57	La	鑭	ㄌㄢˊ	lanthanum	1839	138.91	5.48	6.70	5.580
58	Ce	鈰	ㄕˋ	cerium	1803	140.12	5.40	6.78	5.540
59	Pr	鐠	ㄆㄨˇ	praseodymium	1885	140.91	5.34	6.77	5.460
60	Nd	釹	ㄋㄩˇ	neodymium	1885	144.24	5.28	7.00	5.530
61	Pm	鉕	ㄆㄛˇ	promethium	1945	145	5.24	6.48	5.554
62	Sm	釤	ㄕㄢ	samarium	1879	150.36	5.18	7.54	5.640
63	Eu	銪	ㄧㄡˇ	europium	1896	151.96	5.12	5.26	5.670
64	Gd	釓	ㄍㄚˊ	gadolinium	1880	157.25	5.08	7.89	6.150
65	Tb	鋱	ㄊㄜˋ	terbium	1843	158.93	5.02	8.27	5.860
66	Dy	鏑	ㄉㄧ	dysprosium	1886	162.50	4.98	8.54	5.940

原子序	符號	中文名稱	注音	英文名稱	發現年代	相對原子質量	原子直徑(埃)	密度 (g/cm³)	第一游離能值 (eV)
67	Ho	鈥	ㄏㄨㄛˇ	holmium	1879	164.93	4.98	8.80	6.018
68	Er	鉺	ㄦˇ	erbium	1843	167.26	4.90	9.05	6.101
69	Tm	銩	ㄉㄧㄡ	thulium	1879	168.93	4.84	9.33	6.184
70	Yb	鐿	ㄧˋ	ytterbium	1878	173.04	4.80	6.98	6.254
71	Lu	鎦	ㄌㄧㄡˊ	lutetium	1907	174.97	4.50	9.84	5.430
72	Hf	鉿	ㄏㄚ	hafnium	1923	178.49	4.32	13.1	6.650
73	Ta	鉭	ㄉㄢˋ	tantalum	1802	180.95	4.18	16.6	7.890
74	W	鎢	ㄨ	tungsten	1783	183.85	4.04	19.3	7.980
75	Re	錸	ㄌㄞˊ	rhenium	1925	186.21	3.94	21.0	7.880
76	Os	鋨	ㄜˊ	osmium	1804	190.2	3.84	22.4	8.700
77	Ir	銥	ㄧ	iridium	1804	192.22	3.74	22.5	9.100
78	Pt	鉑	ㄅㄛˊ	platinum	1735	195.08	3.66	21.4	9.000
79	Au	金	ㄐㄧㄣ	gold	公元前	196.97	3.58	19.3	9.225
80	Hg	汞	ㄍㄨㄥˇ	mercury	公元前	200.59	3.52	13.5	10.437
81	Tl	鉈	ㄊㄚ	thallium	1861	204.38	4.16	11.9	6.108
82	Pb	鉛	ㄑㄧㄢ	lead	公元前	207.2	3.62	11.4	7.416
83	Bi	鉍	ㄅㄧˋ	bismuth	1737	208.98	3.26	9.80	7.289
84	Po	釙	ㄆㄛˋ	polonium	1898	209	3.06	9.40	8.420
85	At	砈	ㄜˋ	astatine	1840	210	2.86	-.--	-.----
86	Rn	氡	ㄉㄨㄥ	radon	1908	222	2.68	9.91	10.748
87	Fr	鍅	ㄈㄚˇ	francium	1939	223	-.--	-.--	-.----
88	Ra	鐳	ㄌㄟˊ	radium	1898	226.00	-.--	5.00	5.279

原子序	符號	中文名稱	注音	英文名稱	發現年代	相對原子質量	原子直徑(埃)	密度 (g/cm^3)	第一游離能值 (eV)
89	Ac	錒	ㄚ	actinium	1899	227	-.--	10.1	5.170
90	Th	釷	ㄊㄨˇ	thorium	1828	232.04	-.--	11.7	6.080
91	Pa	鏷	ㄆㄨˊ	protactinium	1917	231.04	-.--	15.4	5.890
92	U	鈾	ㄧㄡˋ	uranium	1789	238.03	-.--	18.9	6.050
93	Np	錼	ㄋㄞˋ	neptunium	1940	237.05	-.--	20.4	6.190
94	Pu	鈽	ㄅㄨˋ	plutonium	1940	244	-.--	19.8	6.060
95	Am	鋂	ㄇㄟˊ	americium	1945	243	-.--	13.6	5.993
96	Cm	鋦	ㄐㄩˊ	curium	1944	247	-.--	13.5	6.020
97	Bk	鉳	ㄅㄟˇ	berkelium	1949	247	-.--	-.--	6.230
98	Cf	鉲	ㄎㄚˇ	californium	1950	251	-.--	-.--	6.300
99	Es	鑀	ㄞˋ	einsteinium	1952	252	-.--	-.--	6.420
100	Fm	鐨	ㄈㄟˋ	fermium	1952	257	-.--	-.--	6.500
101	Md	鍆	ㄇㄣˊ	mendelevium	1955	258	-.--	-.--	6.580
102	No	鍩	ㄋㄨㄛˋ	nobelium	1957	259	-.--	-.--	6.650
103	Lr	鐒	ㄌㄠˊ	lawrencium	1961	262	-.--	-.--	-.----
104	Rf	鑪	ㄌㄨˊ	rutherfordium	1966	267	-.--	-.--	-.----
105	Db	鉗	ㄉㄨˋ	dubnium	1968	268	-.--	-.--	-.----
106	Sg	鏸	ㄒㄧˇ	seaborgium	1974	271	-.--	-.--	-.----
107	Bh	鈹	ㄆㄛ	bohrium	1981	270	-.--	.--	-.----
108	Hs	鏍	ㄏㄟ	hassium	1984	277	-.--	-.--	-.----
109	Mt	鎄	ㄇㄞˋ	meitnerium	1982	276	-.--	-.--	-.----
110	Ds	鐽	ㄉㄚˊ	darmstadtium	1994	281	-.--	-.--	-.----
111	Rg	錀	ㄌㄨㄣˊ	roentgenium	1994	280	-.--	-.--	-.----

名詞注釋

< 二劃 >

X 射線 X ray 俗稱 X 光，是用高速電子流撞擊金屬製的靶，所產生的一種電磁波，可穿透許多普通光線穿不透的物體。

< 三劃 >

大盡頭派 Big-endian 用來統稱化學家當中，主張把週期表的氫擺在鋰正北邊的人。

小盡頭派 Small-endian 用來統稱化學家當中，主張把週期表的氫放在鹵素正北邊的人。

< 四劃 >

分子 molecule 原子間靠「共價鍵」連結所形成的化合物，其中通常不包含金屬元素的原子。

分子軌域 molecular orbital 類似原子軌域的一種電子雲分布形式，電子分布於結合成分子的原子外圍。（原子軌域是電子在原子核外層呈雲狀的分布形式，其分布範圍即稱為原子軌域。）

分光鏡 spectroscope 化學和天文學領域常用的光學儀器，例如能把太陽光分解出七彩光譜的三稜鏡，就是一種最簡單的分光鏡。由於每種元素加熱到氣態而發光時，都有自己的特性顏色，所發出的光的頻率就相當於該元素的「指紋」；因此利用分光鏡（由狹縫、透鏡、稜鏡或光柵組成），來檢測物質受熱到氣態時放出的光，便能夠鑑定出該物質究竟含有哪些元素。

中子 neutron 與質子共同組成原子核，再進一步與原子核外的電子構成原子；中子不帶電性，在原子核裡的數目通常很接近質子的數目。一堆獨自存在、未與質子組成原子核的中子（所謂自由中子）並不穩定，11 分鐘內就有半數會發射出電子，而衰變成質子。

不相容原理 exclusive principle 由原籍奧地利的瑞士理論物理學家鮑立（Wolfgang Pauli, 1900-1958）於 1925 年提出的理論：在一個原子的同一軌域中，最多只能有兩個電子存在。

元素 element 本書的主角，不能以一般化學方法再進一步分解的最簡單物質。元素是構成化合物的基本單元。同一種元素，具有相同的原子序，也就是原子核內的質子數目相同。

內過渡金屬 inner transition metal 鑭系元素和錒系元素的統稱，即南方島嶼的 30 個元素。

化合物 compound 由兩種或兩種以上的元素原子，透過化學鍵結合而成的物質。

化學鍵 chemical bond 將原子連結起來的電吸引力所形成的鍵結。主要有「離子鍵」及「共價鍵」兩種。離子鍵把離子結合成晶體，共價鍵把原子結合成分子。

< 五劃 >

古典物理 classical physics 與近代物理意義相對的一種物理學，兩者主要的差異是古典物理採取巨觀的角度，而近代物理則採取微觀的角度。

去氧核糖核酸 deoxyribonucleic acid, DNA 生物細胞中，攜帶遺傳訊息的分子，是由鹼基對、磷酸根、五碳糖所架構起來的雙螺旋構造長鏈。遺傳訊息（基因）便是由鹼基對的順序來決定。

白雲石 dolomite 含有鈣和鎂的碳酸鹽的造岩礦物，化學成分為 $CaMg(CO_3)_2$，可做為建築、裝潢用的石材，提煉耐火材料，或做為煉鋼造渣劑、玻璃熔劑、肥料、油漆原料等等。

< 六劃 >

同步加速器 synchrotron 將帶電粒子加速到極高能量的機器，由磁場來控制粒子的行進方向，並由高頻的交流電場予以加速。磁場的變化、交流電壓頻率的變化，都必須精密控制，以便與粒子速度的增加同步。

同位素 isotope 原子序相同、但原子量不同的原子，彼此就是同位素；也就是質子數和電子數相同、但中子數不同的原子。同位素是同一種元素，它們的化學性質完全相同，但是物理性質不同。

同素異形體 allotrope 同一元素，在同一環境條件下，可存在的多種不同形態。

共振 resonance 兩個同頻率的鐘擺放在一起，會引起共鳴的現象，也就是聲波的振幅增大了。把這個古典物理學的概念，引申到碳原子核的合成過程：由於硼原子核與一個具有適當能量的質子之間，發生了共振，使得碳原子核比較容易生成，如今的宇宙才會有這麼豐沛的碳。

共價鍵 valence bond 原子之間共享電子而形成的一種化學鍵。以共價鍵結合而產生的物質，叫共價化合物；大部分共價化合物的基本單位是分子。

光合作用 photosynthesis 這是綠色植物、藻類和某些細菌，把光能轉變成化學能的途徑。過程是利用陽光（電磁輻射），讓水與二氧化碳反應，生成氧氣與碳水化合物。

光譜學 spectroscopy 與電磁波譜的產生、量度與闡釋有關的物理學。電磁波譜產生自不同物質之輻射能的發射或吸收。

合金 alloy 數種金屬所形成的混合物。

宇宙射線 cosmic ray 又稱宇宙線，事實上不是輻射線，而是從太空中高速射到地球大氣層的粒子，其中大約有 90% 是質子，9% 是阿爾法粒子（氦核），1% 是電子。

伏特 volt 電位差或電位在國際標準單位制（公尺一公斤一秒的單位制）中的單位。所謂電位（electric potential），是某一點上的一個單位正電荷所具有的能量。

次殼層 subshell 能量相近的電子，環繞原子核所分布的軌域，稱為殼層，而其中的 s 、 p 、 d 或 f 軌域電子，各自構成一個次殼層。

< 七劃 >

低溫實驗法 cryogenics 在極低溫下（攝氏零下 150 度以下）進行對各種材料的實驗。值得注意的是，低溫科學家所使用的溫度尺度，並非攝氏溫標，而是凱氏溫標（以 K 表示），大約等於攝氏溫度減去－ 273 度。因此攝氏零下 150 度就等於 123 K。

低溫超導 superconductivity 某些金屬或合金，在極低溫下具有非常小的電阻，電流可以無限制的通過，這種現象稱為低溫超導。

冷媒 refrigerant 在製冷工業或冰箱、冷氣機等家電用品中，做為循環流體的冷卻劑，能迅速吸熱後變成氣體、又迅速散熱後變回液體。較常見的冷媒為氯碳化物及氟氯碳化物（破壞臭氧層的元凶）。

< 八劃 >

苛性鈉 soda 氫氧化鈉的俗稱。

苛性鉀 potash 氫氧化鉀的俗稱。

波 wave 在古典物理的理論中，波與粒子具有截然不同的兩種性質，波是連續性的，而粒子是離散性的。

波粒二象性 wave-particle duality 按照量子力學的說法，在微觀世界裡，任何粒子都具有波（波動）的特性，任何波也都具有粒子的特性，這就是波粒二象性。

苦土 magnes carneus 含有鎂化合物的一種礦土。

兩性金屬 metalloid 在週期表左邊的金屬與右邊的非金屬交界處，一片兼具金屬與非金屬性質的地帶，這裡的元素稱為兩性金屬，如矽、砷及釙等都是。

沸點 boiling point 物質由液態轉變為氣態時的溫度，通常是在常壓（1 大氣壓）下測得的。

固氮作用 nitrogen fixation 使空氣中的氮氣與其他元素形成化合物的作用。大氣中 85%以上的氮分子，都是透過固氮微生物的作用而轉變成氮化物，才能被植物吸收利用。

阿爾法粒子 alpha particle α 粒子，也就是氦核，由兩個中子和兩個質子形成的、帶兩個正電荷的粒子。較重的元素進行放射性衰變時，會發射 α 粒子，變成質子數與中子數皆減 2 的新原子核，並釋放出多餘能量。

直線加速器 linear accelerator 在直線型的真空管腔內，利用高頻振盪，將電子、質子或離子加速至接近光速的裝置。可進行高能物理實驗，或產生醫療用的 X 射線。

< 九劃 >

紅巨星 red giant 質量 0.5 倍到 10 倍於太陽的恆星，一旦氫的燃燒接近完成，氦核便開始產生核融合反應，合成鈹、碳及氧。這時，恆星的體積逐漸膨脹，變得相當巨大，溫度則逐漸降低，發出的光芒變為紅色。這是恆星演化接近尾聲的階段，稱為紅巨星。

風向標模型 weathervane model 元素週期表的一種立體的表示方式，各方塊的元素位於互相垂直的葉片上：其中，雙面的 s 方塊是軸，雙面的 p 方塊從 s 方塊的家族 1 那側的軸處伸出；雙面的 d 方塊則由 s 方塊與 p 方塊的交接線伸出；而雙面的 f 方塊再從 d 方塊伸出來。

架軌域原理 building-up principle 由丹麥物理學家波耳（Bohr, Niels, 1885-1962）提出的理論，以氫原子的特性軌域為基礎，解釋了元素電子填入各軌域的方式。

< 十劃 >

原子序 atomic number 各元素原子核中的質子數，這是因元素而異的最基本性質。依照各元素

的原子序大小，可把元素排列成週期表。

原子軌域 atomic orbital 電子在原子核外層呈雲狀的分布形式，其分布範圍稱為原子軌域。

原子核 nucleus 位於原子中央，由質子及中子聚集而成的中心；雖然占有的原子體積比例極小，但幾乎所有的原子質量都集中於此。

原子量 atomic mass, atomic weight 原子的質量或重量。曾一度被認為是元素的最基本性質，但其實同一元素也可能有數個原子量，因此原子量並不是元素最基本的性質。現今測得的原子量都是數個同位素質量的平均值。

原子爐 pile 現稱為核反應爐（nuclear reactor），這是進行核反應的裝置，大多用來發電。

原子體積 atomic volume 每個原子所占有的體積，可利用密度及原子量計算推得。

核心 core 在原子內部構造中，位於電子軌域內層、已滿的殼層，稱為核心；最外層電子則為價殼層。

核合成 nucleosynthesis 週期表中較輕的原子核，經過核融合後，產生較重的原子核。整個週期王國的形成過程，都是在進行核合成的把戲——在「恆星」煉爐裡鎔鑄，再拋散到星際，或是在實驗室裡人工合成，再發布到人間。於是，一個個新的元素區域，便逐漸冒出王國海面了。

核分裂 nuclear fission 又稱核裂變，指原子核分裂成兩個或多個質量相當的較小原子核，同時釋放出巨大能量的現象。

核融合 nuclear fusion 又稱核聚變。指幾個較輕的原子核合成一個較重的、較穩定的原子核，並釋放出巨大能量的過程。太陽和其他恆星所產生的能量就是來自核融合（質子和中子融合成氦原子核）。

核散裂 spallation 宇宙線或粒子流與較重的原子核發生撞擊時，會敲出如鋰、鈹和硼等較小原子核的碎片，這種現象稱為核散裂。

臭氧 ozone 氧氣的同素異形體，由三個氧原子結合成的分子。主要存在於平流層，可吸收陽光中的紫外線，但之前卻因冷媒的大量使用而產生破洞。

家族 group 週期表中，垂直的行稱為家族，共有「家族 1」到「家族 18」十八個家族；同一家族的元素具有相近的化學性質。

迴旋加速器 cyclotron 粒子加速器的其中一種。也是使用高頻的交流電場來加速帶電粒子，並施加與粒子行進方向垂直的磁場，讓粒子在圓形的真空管腔裡繞圈圈，每繞一圈又受到交流電場的加速。迴旋加速器是在 1929 年由美國加州大學柏克萊分校的物理學家勞倫斯（Ernest Lawrence, 1901-1958）研發出來的。

< 十一劃 >

粒子 particle 在古典物理的理論中，粒子與波具有截然不同的兩種性質，粒子是離散性的，而波是連續性的。

陰極射線管 cathode-ray tube 又稱克汝克士管（Crookes tubes）或希陶夫管（Hittorf tubes），是一種能射出負電荷粒子流（即電子束）的電子管；其中電子束射向螢幕表面時，可顯示出影像。

傳統電視的顯像，就是倚賴陰極射線管。

陰離子 anion 原子獲得一個或數個電子後，所形成的帶負電荷的離子。

密度 density 單位體積所具有的質量。

鹵素族 halogen 位於週期表右邊第二行的家族 17，包括：氟、氯、溴、碘、砈五個元素。由北至南，各元素的顏色逐漸加深；而它們的價殼層都缺少一個電子即可填滿。

強作用力 strong force 在原子核中，使質子和中子聚結在一起的力。這是自然界四種基本作用力（即電磁力、重力、強作用力與弱作用力）的其中一種。強作用力在極短距離內非常強，但是隨著距離增加，會迅速減弱。

基態 ground state 在各元素的電子組態中，具最低能量、最穩定常見的狀態；其餘具較高能量的狀態都是激態（又稱為受激態、或激發態）。

國際純化學暨應用化學聯合會 International Union of Pure and Applied Chemistry, IUPAC 創立於 1919 年的國際非政府組織，宗旨在促進化學的進步。最著名、最權威的工作，就是為所有化學元素和化合物命名，使之成為國際通用的名稱。

< 十二劃 >

週期 period 週期表中，水平的列稱為週期；同一週期的元素，由左至右逐漸由金屬性質轉變為非金屬性質。

週期王國 Periodic Kingdom 本書將化學元素週期表比擬為週期王國，帶領讀者認識並了解它的性質。

週期表 periodic table 依照元素的原子序大小，排列而成的圖表，藉此可以有系統的解釋化學元素的性質，這是一切化學現象的基本原理。

量子力學 quantum mechanics 近代物理中，與古典物理截然不同的一種理論；主要是以微觀的角度解釋物理現象，打破了粒子和波的分野。

稀土元素 rare earth element 按照國際純化學暨應用化學聯合會（IUPAC）的說法，鈧、釔、以及 15 個鑭系元素，這 17 個元素同屬家族 3 的元素，統稱為稀土元素。鈧、釔之所以列入稀土元素，是因為它們與鑭系元素幾乎都出產自同樣的礦藏，而且化學性質相近。

貴重氣體 noble gas 週期表最右邊的一行元素，也就是家族 18 的元素，包括：氦、氖、氬、氪、氙、氡。由於它們的價殼層已經填滿，因此性質極為穩定，不易與其他元素產生化學反應。曾被稱為「稀有氣體」、「惰性氣體」或「鈍氣」。

稀有氣體 rare gas 正式名稱為「貴重氣體」，指週期表最右邊的一行元素。原本以為它們的含量稀少，故名之，現已不再使用這個稱呼。

惰性氣體（或鈍氣） inert gas 正式名稱為「貴重氣體」，指週期表最右邊一行的元素。原本以為它們不會產生任何化學反應，故名之，現已不再使用這個稱呼。

硝石 niter 即為硝酸鈉，其中含有氮元素，因此成為氮的命名來源；大量出現於智利北部。

紫外線輻射 ultraviolet radiation 來自太陽光的一種電磁輻射，會對有機分子造成危害；大氣中的臭氧層可吸收部分的紫外線。

萬有引力 gravitational attraction 存在於任何兩種具質量的物體之間的吸引力，大小與物體質量成正比，與兩物間的距離平方成反比。

腺苷三磷酸 adenosine triphosphate, ATP 一種高能量的磷酸鹽化合物，存在於生物體細胞中，負責在吸收與釋放能量的代謝反應中傳遞能量，是細胞共同的能量來源。ATP 由粒線體合成後，會送至細胞各處供使用。此分子移除一個磷酸分子，就會釋出能量，和副產物 ADP。

結面 nodal plane 在電子軌域分布模型中，通過原子核的假想平面；電子出現在結面的機率為零。

超鈾元素 transuranium element 原子序在 92 以上、大於鈾的元素。從錼（原子序 93）到錀（原子序 111），目前已製造出十九個這樣的人工元素。

葉綠素 chlorophyll 存在於綠色植物的細胞中，負責進行光合作用的綠色色素；構造中含有一個鎂原子。

殼層 shell 能量相近的電子，環繞原子核所分布的軌域，稱為殼層；各殼層中還有一至數個「次殼層」存在。

陽離子 cation 原子失去一個或數個電子後，所形成的帶正電荷的離子。

游離能 ionization energy 把電子從原子移走所需要的能量。游離能愈大，表示原子核對於最外層電子的吸引力愈大。通常，我們考慮的都是第一游離能，也就是由電中性原子移去第一個電子所費的能量。

< 十三劃 >

電子 electron 圍繞於原子核周圍、帶負電荷的基本粒子，與原子核共同組成原子。

電子伏特 electrovolt 一個電子被 1 伏特的電壓（電位差）加速後，所獲得的動能。也可以換個說法：在 1 伏特的電位差下，移走一個電子所需要的能量。1 電子伏特約等於 1.6 乘 10 的－ 19 次方焦耳。

電子親和力 electron affinity 於不帶電的原子上，外加一個電子之後，所放出的能量。電子親和力為正值，代表原子在獲得電子時是放出能量的；如果電子親和力為負值，則表示想外加電子會有阻力存在，必須供給它能量才能克服。

電解 electrolysis 電流通過電解質的溶液或熔融物時，所引起的化合物分解作用，稱為電解。

電解質 electrolyte 溶解於溶液中、或呈熔融狀態時，會因電流通過而產生分解的物質。

電極 electrode 置於電池中，與電解質接觸，用於傳入或傳出電流的導體。

電磁輻射 electromagnetic radiation 電場和磁場互相垂直、交互振盪時，所產生的電磁能量（電磁場）以波動方式在空間中振盪或傳播，也就是電磁波，傳播方向既與電場的振盪方向垂直，也與磁場的振盪方向垂直。電磁波包括不同頻率和波長的無線電波、微波、紅外線、可見光、紫外線、X射線、γ 射線等等，其中，無線電波的頻率最低、波長最長，γ 射線的頻率最高、波長最短。

催化劑 catalyst 加入化學反應中，負責加速反應進行速率的化學物質；但反應前後，催化劑的量並不會改變。許多反應中的催化劑都是過渡元素或其混合物。

過渡金屬 transition metal 位於週期表左右兩矩形中間、呈長條狀部分的金屬元素，也就是家族 3 到家族 12 的元素。它們的化學性質也介於左右兩部分的元素之間，具有過渡的特性。

鉛蓄電池 lead storage battery 利用電解現象製造出來的電池；以鉛及氧化鉛做為電極，具有蓄電的功能。汽車的電瓶通常都採用鉛蓄電池。

圓顱派 Roundhead 用來比擬週期表家族命名方面的學派，與「騎士派」互相對立；圓顱派主張左右兩矩形的家族均以 B 命名，而過渡元素的家族則以 A 命名。

< 十四劃 >

熔點 melting point 物質由固態轉變為液態時的溫度，通常是在常壓（1 大氣壓）下測得的。

碲螺旋 telluric screw 法國地質學家德尚寇特斯（Béguyer de Chancourtois）在 1862 年提出的一種較原始的元素週期排列方式：以螺旋方式排列在圓筒上，可容納 24 個元素；由於元素碲位於螺旋的中心點，所以稱為碲螺旋。

價殼層 valence shell 在原子的內部構造中，位於電子軌域最外層、尚未填滿的殼層，稱為價殼層。價殼層裡的電子，叫價電子（valence electron），決定了化學鍵如何形成。當原子的價殼層已填滿，幾乎就不具有化學反應性。

< 十五劃 >

質子 proton 與中子共同組成原子核，再進一步與原子核外的電子構成原子。質子帶正電荷；各元素的質子數即為它的原子序。

層析法 chromatography 分離混和物質的幾種實驗技術的統稱，包括濾紙色層分析法、管柱層析法、薄層層析術、氣相層析法、液相層析法等等。主要是利用每種物質對黏性介質的吸附力不同，因此所需的通過時間不同，而藉此將混合物質分離。

< 十六劃 >

燐光體 phosphor 暴露在帶能量粒子（例如電子）的衝擊下，會發出輝光的物質，成分中幾乎都含有稀土元素。舊式的映像管電視機的螢幕裡層，塗布的就是燐光體。

錒系元素 actinide 從錒（原子序 89）到鐒（原子序 103）的十五個性質相近的元素，也就是週期七的內過渡金屬。

霓虹燈 neon light 電流通過貴重氣體時，會使它們呈現出不同的色彩，應用這種現象製成的燈管稱為霓虹燈。

激態 excited state 在各元素的電子組態中，能量最低的狀態為基態，其餘具較高能量的狀態都是激態。又稱為受激態、或激發態。

< 十七劃 >

擬硼 eka-boron 也就是鈧，位於週期四的第一列過渡元素的第一位；在鈧尚未被分離出來以前，暫時稱為擬硼。

擬鋁 eka-aluminium 也就是鎵。在週期表的家族 13，鎵位於鋁的南方；在鎵尚未被分離出來以前，暫時稱為擬鋁。

擬矽 eka-silicon 也就是鍺。在週期表的家族 14，鍺位於矽的南方；在鍺尚未被分離出來以前，暫時稱為擬矽。

< 十八劃 >

離子 ion 電中性的原子得到電子或失去電子後，就會具有電性，稱為離子。

離子鍵 ionic bond 電性相反的離子彼此吸引，而形成的一種化學鍵。以離子鍵結合而產生的物質，叫離子化合物。

離子固體 ionic solid 金屬離子與非金屬離子，藉著離子鍵而連結形成的固態化合物。（金屬原子獻出一個或多個電子，形成了陽離子，因而具有較穩定的電子組態；這些電子跑到非金屬原子上，使得非金屬原子變成了陰離子，同樣具有較穩定的電子組態。較穩定的陽離子和較穩定的陰離子，彼此因為電性相反而互相吸引，於是結合形成離子固體。）

豐度 abundance 又稱豐存度或豐盛度，是自然界中各元素或同位素的存量多寡的相對比率。

騎士派 Cavalier 用來比擬週期表家族命名方面的學派，與「圓顱派」對立；騎士派主張左右兩矩形的家族均以 A 命名，而過渡元素的家族則以 B 命名。

< 二十四劃 >

鹼金族 alkali metal 位於週期表最左邊一行的家族 1，包括：鋰、鈉、鉀、銣、銫、鍅。這個家族的共同特徵是極易失去一個電子，而形成帶正一價的陽離子。

鹼土金族 alkaline earth metal 位於週期表左邊第二行的家族 2，包括：鈹、鎂、鈣、鍶、鋇、鐳。這個家族的共同特徵是極易失去兩個電子，而形成帶正二價的陽離子。

< 二十五劃 >

鑭系元素 lanthanide 從鑭（原子序 57）到鎦（原子序 71）的十五個性質相近的元素，也就是週期六的內過渡金屬。屬於稀土元素。

（天下文化編輯部 整理）

延伸閱讀

Atkins, P. W., *Quanta: A Handbook of Concepts*, 2d ed. (Oxford: Oxford University Press, 1991). The book provides short descriptions of the quantum mechanical concepts encountered in this book.

Atkins, P. W., and J. A. Beran, *General Chemistry*, 2d ed. (New York: Scientific American Books, 1992). This volume introduces the principal concepts described in this book at an elementary level, including modern atomic structure and examples of periodic chermical character.

Bourne, J., "An Application-Oriented Periodic Table of the Elements," *Journal of Chemical Education*, 66 (1989): 741-45. Several different versions of the table are presented.

Cox, P. A., The Elements: *Their Origin, Abundance, and Distribution* (Oxford: Oxford University Press, 1989). An introduction to the processes that formed elements and distributed them through the cosmos and the Earth.

Emsley, J., *The Elements*, 2d ed. (Oxford: Oxford University Press, 1991). A collection of numerical data on the elements in a convenient format.

Mason, J., "Periodic Contractions Among the Elements: Or, on Being the Right Size, " *Journal of Chemical Education*, 65 (1988): 17-20. A survey of atomic and ionic sizes, thier periodicity, and the consequences.

Mazurs, E. G., *Graphical Representations of the Periodic System During One* Hundred Years (Alabama: University of Alabama Press, 1974).

Puddephatt, R. J., and P. K. Monaghan, *The Periodic Table of the Elements*, 2d ed. (Oxford: Oxford University Press, 1986). An introductory survey of periodic trends.

Ringnes, V., "Origin of the Names of Chemical Elements," *Journal of Chemical Education*, 66 (1989): 731-38. A thorough and interesting account of the names of the elements.

Rouvray, D. H., "Turning the Tables on Mendeleev," *Chemistry in Britain* (May 1994): 373-78. A short survey of the history of the periodic table.

van Spronsen, J. W., *The Periodic System of Chemical Elements: A History of the First Hundred Years* (Amsterdam: Elsevier, 1969).

Weast, R. G., ed., *CRC Handbook of Chemistry and Physics*, 76th ed. (Boca Raton: CRC Press, 1995). The handbook includes brief descriptions of the history of the discovery of the elements.

Weinberg, S., *The First Three Minutes* (London: Andrew Deutsch, 1977). A classic popular account of the formation of matter.

Woods, G., "The Deeper Picture," *Chemistry in Britain* (May 1994): 382-83. A brief account of various alternative arrangements of the periodic table that have been proposed.

化學元素王國之旅

原　　著／艾金斯
譯　　者／歐姿漣
審　　訂／牟中原
顧 問 群／林 和、牟中原、李國偉、周成功
總編輯／吳佩穎
編輯顧問／林榮崧
責任編輯／林榮崧；林文珠
美術編輯／江孟達
內頁版型設計／江儀玲
扉頁週期表繪製／邱意惠

出版者／遠見天下文化出版股份有限公司
創辦人／高希均、王力行
遠見・天下文化 事業群榮譽董事長／高希均
遠見・天下文化 事業群董事長／王力行
天下文化社長／林天來
國際事務開發部兼版權中心總監／潘欣
法律顧問／理律法律事務所陳長文律師　　著作權顧問／魏啟翔律師
社址／台北市104松江路93巷1號2樓
讀者服務專線／（02）2662-0012　傳真／（02）2662-0007；2662-0009
電子信箱／cwpc@cwgv.com.tw
直接郵撥帳號／1326703-6號 遠見天下文化出版股份有限公司

排 版 廠／極翔電腦排版有限公司
製 版 廠／東豪印刷事業有限公司
印 刷 廠／祥峰印刷事業有限公司
裝 訂 廠／台興印刷裝訂股份有限公司
登 記 證／局版台業字第2517號
總 經 銷／大和書報圖書股份有限公司　電話／（02）8990-2588
出版日期／1996年6月15日第一版
　　　　　2023年6月1日第二版第1次印行

定價／350元
原著書名／THE PERIODIC KINGDOM: a journey into the land of the chemical elements
by Peter W. Atkins

EAN: 4713510943700（英文版ISBN: 0-465-07265-8）
書號：BWS104A
天下文化官網　bookzone.cwgv.com.tw

國家圖書館出版品預行編目資料

化學元素王國之旅 / 艾金斯(Peter W. Atkins) 著；歐姿漣譯. -- 第二版. -- 臺北市：遠見天下化, 2008.12

面； 公分. -- (科學天地；104)

譯自：The periodic kingdom :
a journey into the land of the chemical elements

ISBN 978-986-216-222-4 （平裝）

1. 元素 2. 元素週期率

348.21　　97019128

家族10	家族11	家族12	家族13	家族14	家族15	家族16	家族17	家族18
								2 He 氦 4.003
			5 B 硼 10.811	6 C 碳 12.011	7 N 氮 14.007	8 O 氧 15.999	9 F 氟 18.998	10 Ne 氖 20.179
			13 Al 鋁 26.982	14 Si 矽 28.086	15 P 磷 30.974	16 S 硫 32.066	17 Cl 氯 35.453	18 Ar 氬 39.948
28 Ni 鎳 58.69	29 Cu 銅 63.546	30 Zn 鋅 65.39	31 Ga 鎵 69.723	32 Ge 鍺 72.61	33 As 砷 74.922	34 Se 硒 78.96	35 Br 溴 79.904	36 Kr 氪 83.80
46 Pd 鈀 106.42	47 Ag 銀 107.87	48 Cd 鎘 112.41	49 In 銦 114.82	50 Sn 錫 118.71	51 Sb 銻 121.75	52 Te 碲 127.60	53 I 碘 126.90	54 Xe 氙 131.29
78 Pt 鉑 195.08	79 Au 金 196.97	80 Hg 汞 200.59	81 Tl 鉈 204.38	82 Pb 鉛 207.2	83 Bi 鉍 208.98	84 Po 釙 209	85 At 砈 210	86 Rn 氡 222
110 Ds 鐽 281	111 Rg 錀 280							

63 Eu 銪 151.96	64 Gd 釓 157.25	65 Tb 鋱 158.93	66 Dy 鏑 162.50	67 Ho 鈥 164.93	68 Er 鉺 167.26	69 Tm 銩 168.93	70 Yb 鐿 173.04	71 Lu 鎦 174.97
95 Am 鋂 243	96 Cm 鋦 247	97 Bk 鉳 247	98 Cf 鉲 251	99 Es 鑀 252	100 Fm 鐨 257	101 Md 鍆 258	102 No 鍩 259	103 Lr 鐒 262

化學元素王國

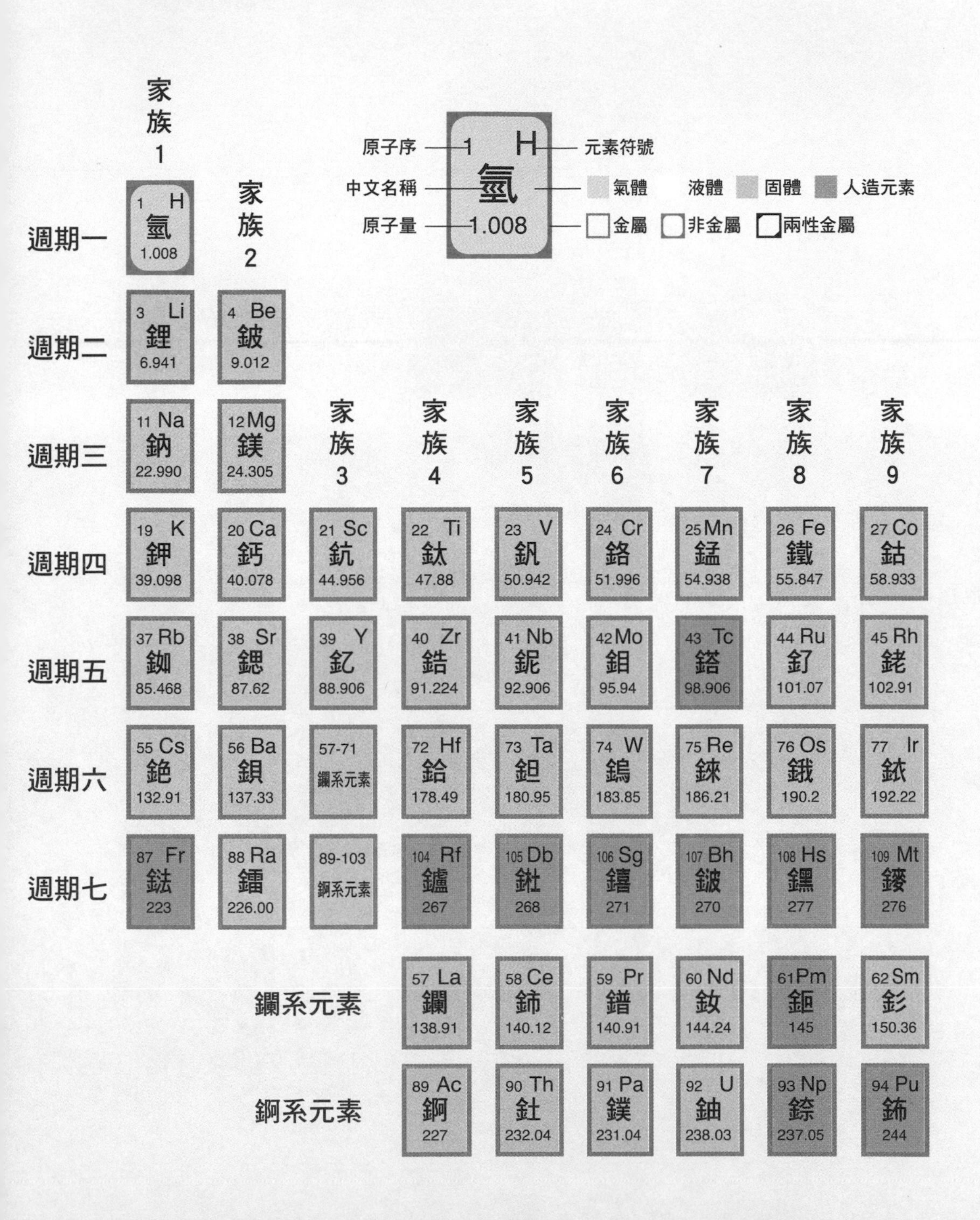

	家族 1	家族 2	家族 3	家族 4	家族 5	家族 6	家族 7	家族 8	家族 9
週期一	1 H 氫 1.008								
週期二	3 Li 鋰 6.941	4 Be 鈹 9.012							
週期三	11 Na 鈉 22.990	12 Mg 鎂 24.305							
週期四	19 K 鉀 39.098	20 Ca 鈣 40.078	21 Sc 鈧 44.956	22 Ti 鈦 47.88	23 V 釩 50.942	24 Cr 鉻 51.996	25 Mn 錳 54.938	26 Fe 鐵 55.847	27 Co 鈷 58.933
週期五	37 Rb 銣 85.468	38 Sr 鍶 87.62	39 Y 釔 88.906	40 Zr 鋯 91.224	41 Nb 鈮 92.906	42 Mo 鉬 95.94	43 Tc 鎝 98.906	44 Ru 釕 101.07	45 Rh 銠 102.91
週期六	55 Cs 銫 132.91	56 Ba 鋇 137.33	57-71 鑭系元素	72 Hf 鉿 178.49	73 Ta 鉭 180.95	74 W 鎢 183.85	75 Re 錸 186.21	76 Os 鋨 190.2	77 Ir 銥 192.22
週期七	87 Fr 鍅 223	88 Ra 鐳 226.00	89-103 錒系元素	104 Rf 鑪 267	105 Db 𨧀 268	106 Sg 𨭎 271	107 Bh 𨨏 270	108 Hs 𨭆 277	109 Mt 䥑 276
鑭系元素				57 La 鑭 138.91	58 Ce 鈰 140.12	59 Pr 鐠 140.91	60 Nd 釹 144.24	61 Pm 鉕 145	62 Sm 釤 150.36
錒系元素				89 Ac 錒 227	90 Th 釷 232.04	91 Pa 鏷 231.04	92 U 鈾 238.03	93 Np 錼 237.05	94 Pu 鈽 244